Robert Sikorski

Der Segmentbogen

AF826503

edition winterwork

Bibliografische Informationen der Deutschen Nationalbibliothek:
Die Deutsche Nationalbibliothek verzeichnet diese Publikation in der Deutschen Nationalbibliografie. Detaillierte bibliografische Daten im Internet über http://www.d-nb.de abrufbar.

Impressum

Robert Sikorski, »Der Segmentbogen«
www.edition-winterwork.de

Satz: edition winterwork
Umschlag: edition winterwork
Druck und Bindung: winterwork Borsdorf

ISBN 978-3-96014-644-5

Der Segmentbogen

Naturpflasterkunst, oder die Vervollkommnung des Kleinpflasters

Robert Sikorski / Steinkunst-Sikorski

Empfunden und Interpretiert nach F.W. Noll von 1911

edition winterwork

Vorwort

Wir schreiben 2019 und der Naturstein, Spaltpflaster, hat sich nach langer Durststrecke wieder in die Gesellschaft und in den heutigen Flächen integriert. Naturpflasterflächen werden immer beliebter und wenn Sie noch nach althergebrachter Pflasterkunst ausgeführt werden, nach gekonnter Steinsetzer/Pflasterer Manier, erst recht. Viele, sehr viele Faktoren begünstigen es, komischer Weise, trotz der Zeit der Zukunft, das Kleinpflaster wieder Anklang findet. Ökologie und die Nachhaltigkeit, sind dabei die wichtigsten Faktoren und begünstigen diesen „Trend". In meinem Buch „Ökologie im Pflasterbau" übrigens sehr gut beschrieben warum und wieso.

Leider jedoch fehlt es an den Leuten die den Trend, eigentlich ist es kein Trend mehr, sondern schon wieder ein Bestandteil des Bauens, des Pflasterns und dessen Möglichkeiten auch in der modernen, die es richtig interpretieren sowie ausführen können. Über Jahrzehnte wurde mit Halbwahrheiten gearbeitet, so dass es auch heute nur Halbwahrheiten gibt.

Anhand des Segmentbogens, nach F.W. Noll, soll dieses kleine Buch einmal aufzeigen, was letztendlich Naturpflaster ist, oder was den Segmentbogen eigentlich ausmacht. Allein nur der Segmentbogen soll vorführen wie man mit Naturpflaster Verbänden umgeht. Man wird erkennen wie Komplex die Kunst des Pflasterns ist, wie es doch auch in einer Zukunft passt und man wird sehen wie spezialisiert man sein muss, um die Manier des Pflasterns zu beherrschen.

Nach dem gleichnamigen Fachbuch „Zur Vervollkommnung des Kleinpflasters" von F.W. Noll Ausgabe von 1911, Reprint der Originalausgabe 1929 (Verlag Tusa), möchte ich zeigen wie der Erfinder des Segmentbogens Perfektion ausgearbeitet hat, die dazu dient es richtig umzusetzen oder zu interpretieren, so dass der Ursprung des Segmentbogens mit dessen ausgeprägten technischen Eigenschaften, immer zu erkennen ist.

F.W. Noll Hofpflasterer/Pflasterer Meister diente u.a in München als Lehrer in der Pflasterer Schule. So und durch seine Bücher hat Er das Kleinpflaster zur Vervollkommnung gebracht, das in einem Segmentbogen mündet. Auch heute noch sind F.W. Noll Erkenntnisse maßgeblich. Sein sog. Segmentbogenanfang und die Ausarbeitung sind auch heute noch in den Berufsschulen des Straßenbaues, Pflicht. Der Segmentbogenanfang wird nach F.W. Noll gelehrt und daher ist er auch der schulische Anfang, den jeder erlernt der Pflasterer/Steinsetzer werden will. Und das schon seit mehr als 100Jahre...

Mit Unterstützung meines Steinsetzer Freundes und Kollegen Frank Schnitzler (Steinkunst Schwaben) schrieb und Illustrierte ich dieses Büchlein. Es beinhaltet sehr viele Fotobeispiele von unseren eigenen Projekten mit dem Segmentbogen. Sie zeigen wie wir, insbesondere meine Wenigkeit, Nolls Philosophie interpretiert haben. Die Bilder zeigen wie es sein sollte, wie es richtig gemacht wird. Das alles und noch mehr, wird mit entsprechenden Skizzen und hinweisen erläutert.

Es ist einfach so, das pflastern im Segmentbogen heute, meist in einem Desaster endet, oder generell verkehrte Umsetzung findet. Zum einen, weil viele nicht Wissen das der Segmentbogen ein sehr hoch qualitativer und sensibler Pflasterverband ist, zum anderen werden die speziellen Erkenntnisse, Fähigkeiten, Handfertigkeiten, heute kaum bis nicht mehr schulisch wie praxisbezogen unterwiesen/unterrichtet. Eine Feststellung unserseits, da wir neben unseren Betrieblichen Aufgaben auch Schulungen im Naturpflastergewerk veranstalten. Und gerade hier sehen wir jedes Mal welch ein erstaunen der Schulungs-teilnehmer, wenn Sie mit dem Segmentbogen und dessen Spektrum konfrontiert werden. Viele wissen wie ein Segmentbogen auszusehen hat, wie er sich aufbaut, aber dann. Dann sieht man nur noch Fragezeichen.

Aber nicht nur Teilnehmer zur Weiterbildung/Fortbildung in unserem Gewerk staunen und sind verwundert das sie eigentlich nicht viel wissen, auch die heutige Fachwelt, insbesondere der Garten und Landschaftsbau, aber auch Architekten und Planer. Sehr viele, wirklich sehr viele von dieser Klientel sind in den allermeisten Fällen Ohnmächtig, wenn es um den Segmentbogen geht. Erst recht, wenn er seine richtige Anwendung finden soll/muss.

Damit das Wissen nicht verloren geht, damit auch F. W. Noll immer wieder gegenwärtig ist, habe ich auf sein Wissen und unsere praktischen Erfahrungen daraus, dieses Lehrbuch verfasst. Hieraus kann man viel lernen. Ob man sich streng an Noll hält, oder meine Interpretation, die nur ganz leicht abweicht von Nolls Philosophie, ist eigentlich egal. Wichtig ist nur, dass man sich aus diesem Buch alles rausholen kann, was den Segmentbogen ausmacht.

Robert Sikorski (Steinkunst-Sikorski)

Inhalt

Die Erkenntnis und die Philosophie des Segmentbogens, erklärt und beschrieben von Friedrich Wilhelm Noll

Einleitung: Hiermit fängt alles an...

Der Kleinpflaster-Segmentbogen ist also folgendermaßen konstruiert:

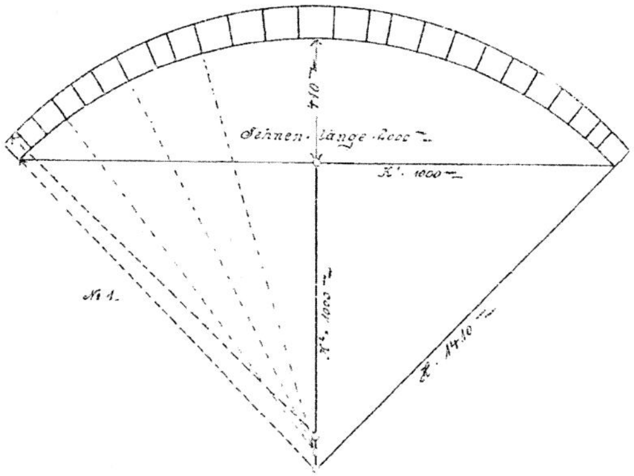

Konstruktion des Segmentbogens begründet auf dem Lehrsatz des Pythagoras, d.h.
1) die Feldbreite, wie auchdie Stichhöhe.
2) die differenzieren Steingrößen die Stichhöhe (h) nach $a^2 + b^2 = c^2$.

Nach dem pythagoreischen Lehrsatz wird aus der Summe der beiden Kathedenquadrate durch Quadratwurzelziehen die Länge der. Hypotenuse ermittelt und dann durch Differenzierung Zwischen dieser und einer Kathedenlänge die Stichhöhe für die Bogenmitte gefunden. HypothenuseistRadius in unserem Bogen.

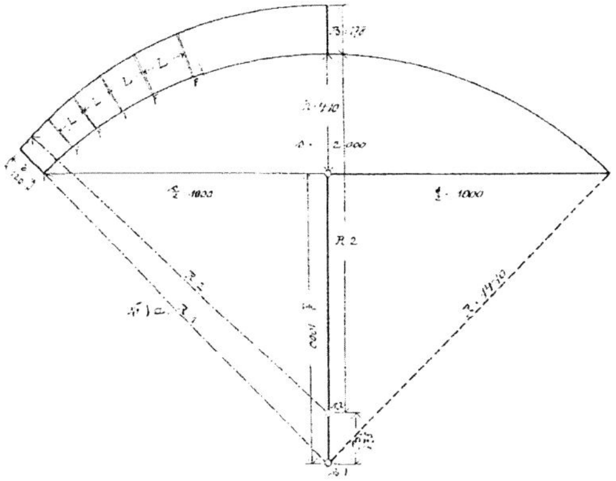

Breite der zu pflasternden Fläche dividiert durch 13-15 mal Steingröße ergibt die Anahl der Felder, Feldzahl „auf“ oder „abrunden“ Breite der Fläche dividiert durch die gerundete Anzahl der Felder ergibt die Feldbreite gleich Sehnenlänge/Jnge.
Die Breite des kleinsten Steines mal √2 ergibt die Breite des größten Steines oder sin 45° mal die Breite des größten Steines ergibt die Breite des kleinsten Steins bei der Feldbreite von 13 -15 mal Steingröße.

Ausgegangen wird nach Abbildung 1 a von der Sehnenlänge bzw. S/2 und dem zur Verfügung stehenden schmälsten Anfangsstein b.
Hieraus entwickeln sich nach dieser Abbildung mathematisch
1. Der Radius R.
2. Die Stichhöhe h.
3. Die Steinbreiten in der Bogenmitte B, sowie selbtverständlich auch die Zwischenbreiten.
4. Die Steinlängen wie sie für die verschiedenen Bögen des Fugenschnittes wegen verwendbar sind L.
5. Die Radialfugenschnitte selbst für die zwischen Bogen Anfang und -Mitte fallenden Stossfugen F.
6. Das Fortschreiten der Kieismittelpunkte M I und M 2.

Wir haben es also, wie in dem Buch zur Vervollkommnung des Kleinpflasters schon gesagt wurde, mit exzentrischen Bögen mit gleichen Radien zu tun.

Allgemeingültige Versetzregeln beim Pflastern mit Natursteinen

Diese sind zu beachten und Qualitätsenfscheidend

Pflastenregel: Die allgemeinen Versetzregeln sind explizit einzuhalten,mit ihnen fängt das pflastern an:

Die Steine:

- müssen im Verband gesetzt werden, die Fugen dürfen nicht breiter sein als der Stein erlaubt, bei Kleinpflaster nicht mehr als 8mm, bei Großpflaster nicht mehr als 15mm, sowie bei Mosaik nicht mehr als 5nun. am besten so eng wie möglich.
- müssen gut im Futter, d.h 2/3 ihrer Höhe sollen sie im Sandbett sitzen.
- müssen Hammerfest versetzt werden, also 3-5 Schläge bekommen.(Trittfest)
- müssen in gleicher Höhe stehen.
- dürfen nicht hängen (nicht locker aufliegen).

Nach dem setzen „ wird das Pflaster mit Sand und Wasser eingeschlämmt (bei regnerischen Tagen notfalls ohne vorher zu nässen) und anschließend mit einer Ramme bzw. Rüttelplatte ab gerüttelt. (aus dem Lehrbuch Baufachkunde 3, Straßen u. Tiefbau, B.GTeubner 1981)

- Kreuzfugen bzw. Schneider sind zu vermeiden, es sollten nicht mehr als 3 Steine betroffen sein. Die Steine sollten mindestens 1/3 überlappen.
- Ein Läuferband ist in der Regel Pflicht.
- Ausnahme Läuferband. Kann gegebenenfalls entfallen, wenn Minderbreiten vorhanden, diese jedoch mit einer Randeinfassung eingegrenzt wurden.

- (Stark steigende Straßen sind in Gewölbeform anzulegen)
- Es wird vom Tiefpunkt zu Hochpunkt gepflastert. (Ausnahme im Privatbereich, hier kann aus Ästhetischen Gründen entgegengesetzt gepflastert werden, das Gefulle solltejedoch nicht mehr als 2% sein.)
- (Die Steine sollen gut im Futter sitzen, vordem ab ramm/ rüttel Vorgang.)
- (In der Regel wird in leichter Gewölbeform gepflastert)
- Der Rammschlag ist zu beachten. Die Pflastersteine müssen an Randeinfassungen vor dem Rüttel, bis 2cm überstehen. Nach dem Rütteln sollten wiederum bis 5mm sichtbar bleiben.

Eingeklammert: Zusätzliche überlieferte traditionelle Regeln

Verbandsregeln im Verband

Zu den Versetzregeln gibt es zusätzlich noch drei sehr wichtige Verbandsregeln, die sowohl für den Segmentbogenverband unabdingbar sind, wie aber auch für andere Verbände.

Segmentbogenabhängige Verband-Merkmale:

Dazu 3 Bilder von meinem Kollegen und Freund Frank Schnitzler der die Regeln direkt auf das Pflaster markierte, so dass es selbsterklärend ist.

Verband im Verband heißt dann, dass diese Merkmale Grundsätzlich einzuhalten sind…

Von links: Segmentbogen Rechter Winkel=Achse. Segmentbogen Verband im Herz (Mitte). Segmentbogen Verband in Achse (oder auch am Rand).

Merkmale sowie Verbandsregeln im Verband, die man immer im Auge und im Sinn behalten muss. Eine Wichtigkeit die insbesondere für den Segmentbogen bestimmend ist. Bei der Überlappung der Steine ist es dann auch noch von wichtiger Bedeutung, dass mindestens 1/3 des Steines überlappt…

Hinweis: Die sog. Schneider sollten vermieden werden. Und wenn doch, das kann schon hier und da mal passieren, sollten es nicht mehr als 3 Steine sein…

Grundlagen

Der Segmentbogen im Naturpflasterbereich, basiert im Großen und Ganzen auf Logik und ist, auch wenn es kaum zu glauben scheint, relativ einfach zu bewerkstelligen. Nach F.W. Noll ist es nur wichtig, sich an Grundlagen zu halten die Notwendig sind, um das zu gewähren was das Segment oder die Segmentbogenpflasterung ausmacht. Erst danach entsteht eine Vielfalt, die man ergründen kann und sogar muss.

Dazu das Schema und die Erklärung auf dem rechten Bild von F.W. Noll:

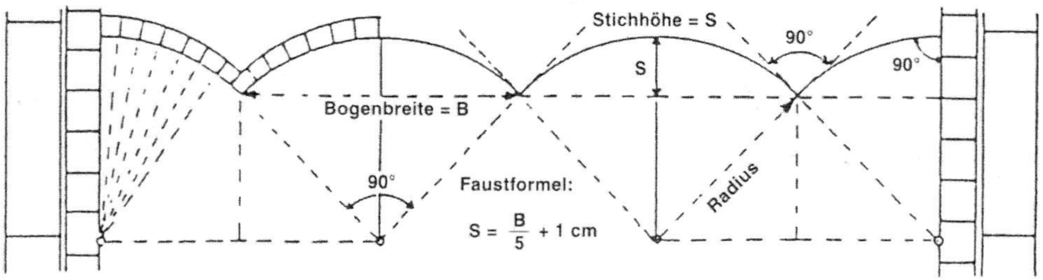

Konstruktion des Segmentbogens

Die Segmentbögen werden in der Weise angelegt, daß der von zwei zusammenstoßenden Bögen eingeschlossene Winkel stets ein rechter ist. Die folgenden zwei Skizzen zeigen unter a eine richtige und unter b eine falsche Anordnung.

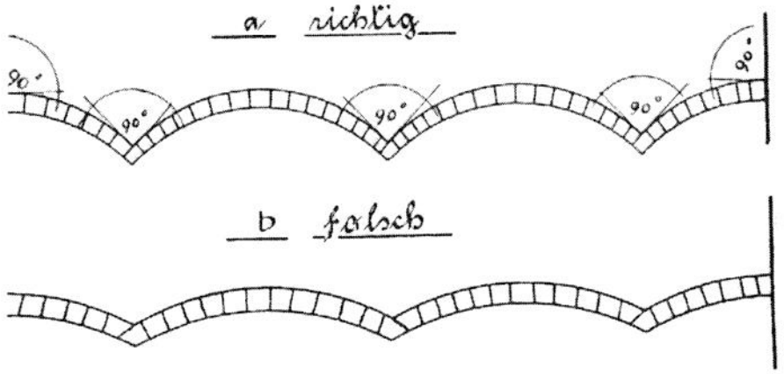

Hinweis: Die Grundlage, dessen Konzeption eigentlich auf Brücken, bzw. Viadukte basiert. Diese Konzeption wurde auf den Segmentbogen übertragen, mit dessen gleicher Funktionalität.

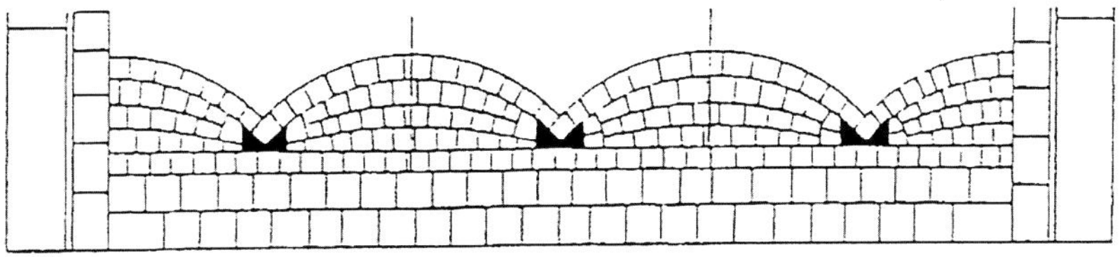

Pflasterfeldbreite z.b 1,20m

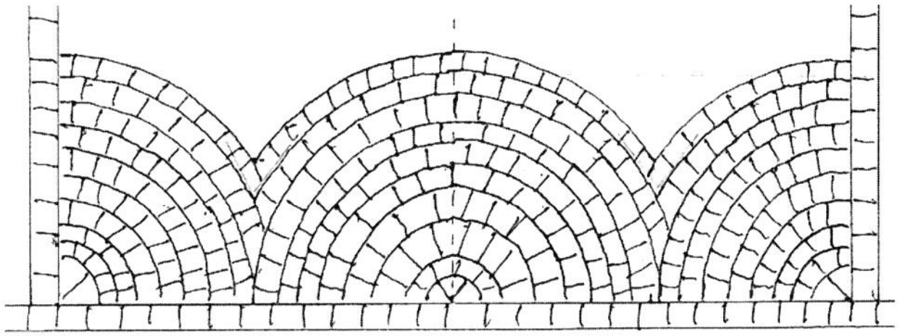

Pflasterfeldbreite z.b 1,20m

Auf diesen beiden Skizzen, links nochmal das Schema Noll zu sehen und rechts das Schema aus der Praxis, sowie eine Interpretation, die sich schon Jahrzehnte in verschiedenen Regionen erfolgreich durchsetzen konnte. Eine Interpretation, die sich definitiv an F.W. Nolls Konzept hält. Die Brückenkonstruktion wird gewährt, dessen Ausprägung und Funktion sogar eine Verbesserung hervorbringt.

Ist aber in seiner Entstehung etwas schwieriger, da hier noch mehr Genauigkeit gefragt ist. In einer späteren Pflasterung nach-dem die Anfänge gemacht wurden, unterscheiden sich beide kaum noch. Der Vorteil im Praxisbogen, insbesondere am Anfang, der rechte Winkel im Herz lässt sich leichter einhalten.

Ein weiterer Unterschied zum Schulbogen Noll, der Praxis bezogene Anfang, der hier übrigens aus dem Schuppenbogen nachempfunden wurde, benötigt keine fixierte/errechnete Stichhöhe. Diese ergibt sich automatisch.

Die Formel in Zahlen, nach Noll: Pflasterfeldbreite 1,20:5 +1cm= 25cm Bogenstichhöhe
Pflasterfeldbreite 1,10:5 +1cm= 23cm Bogenstichhöhe

Hinweis: Entscheide ich strikt nach Noll, benötige ich immer die Bogenstichhöhe. Entscheide ich mich für den Anfang aus dem Viertelkreis, benötige ich die Bogenstichhöhe in Zahl, nicht.

Wenn man einmal den Segmentbogenanfang sauber gepflastert hat, wenn man dessen Logik und System verstanden hat, ist das weitere versetzen des Segmentbogens relativ einfach.

Beispiel: Eine Wegbreite von 1,30m lichtes Maß, lässt sich mit einem 8/11 Spaltpflasterstein leicht im Segmentbogen versetzen. Hierzu benötigt es nur, dass man den Segmentbogen und dessen System und Bogenführung sauber hinbekommt. Dann ist es eigentlich kein Hexenwerk. Kaum zu glauben, aber auch Quereinsteiger können dies relativ schnell verinnerlichen.

Das wichtigste was man diesbezüglich dann beherzigen muss ist, aus der Mitte des Bogens (Herz) wird,

- Von dünn auf dick gearbeitet oder
- Von schmal auf breit
- Oder von klein auf groß

D.h der schmale Stein kommt ins Herz, der breite Stein am Bogenende/Scheitel, bzw. am äußersten Punkt. Die Steine müssen rechtwinkelig am Bogenende/Scheitel sitzen.

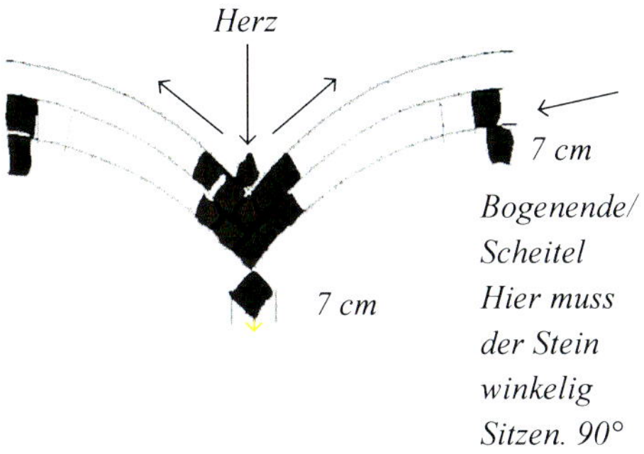

Die Bestimmung der Größe des Steines am Bogenende/Scheitel lässt sich per Formel berechnen. Breite des kleinen Herzstein mal Wurzel aus 2 oder sin 45° mal die Breite.

Oder nach Faustregel: Beispiel anhand 4/6 Mosaik.

Gemessen der kleine Stein im Herz mit 4cm, gemessen wie Skizze zeigt.

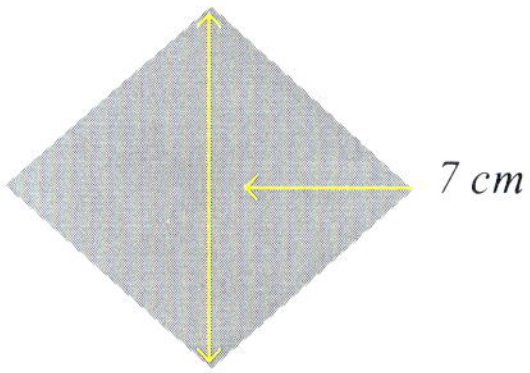

Ergibt 7cm. Also ist der größte Stein am Bogenende/Scheitel bei diesem Beispiel ca. 7cm groß. Bzw. das ist die etwaige Größe, die er haben sollte.

Das Bild mit den gelben Strichen, die gleichzeitig eine Schnur darstellen soll, zeigt die einzelnen Pflasterfelder an. Es sollte gut zu erkennen sein wie der Segmentbogen einzeln und zusammengefügt auszusehen hat.

Des Weiteren zeigt das Bild einen gebrauchten Basaltpflasterstein, mindestens 70 Jahre alt, der hier 2018 neu gepflastert wurde…

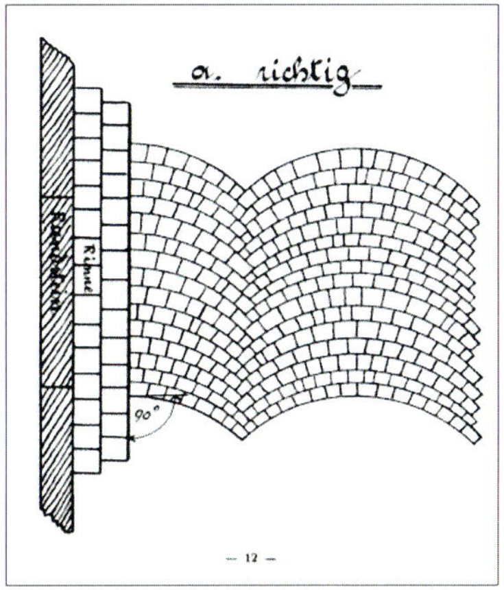

F.W. Noll

Der Segmentbogen in seiner grundlegenden einfachen Ausführung ist nicht schwer. Zwar sieht es schwer aus, ist es aber nicht. Der Segmentbogen basiert auf ein System, das nur eingehalten werden muss. Gleichmäßige Flächen wie Rechtecke und Quadrate, die dann im Segmentbogen gepflastert werden sollen, kann man relativ schnell erlernen. Wenn dazu auch noch gleichmäßige Feldbreiten eingerichtet werden können, ist es kein Hexenwerk. **Anders ausgedrückt, der Standard im Segmentbogen ist relativ einfach...**

Es gibt sehr viele andere Verbände nebst Segmentbogen, die wesentlich schwieriger sind. Daher kann man sozusagen den Segmentbogen mit seinem System, als leichtesten Verband betrachten. Dieser wird erst schwierig und kompliziert, wenn seine ganze Vielfalt in Anspruch genommen werden muss. Wobei, auch das leichter ist als man denkt. Man muss nur die Prioritäten des Segmentbogens einhalten, dann ist auch sein schwierigster Teil machbar.

Hinweis: Pflasterverbände die unregelmäßig im Aufbau sind, sind meist schwerer zu erlernen als Regelmäßige Verbände...

Dazu ein paar Aufzeichnungen von F.W. Noll und danach ein paar Erklärungen diesbezüglich:

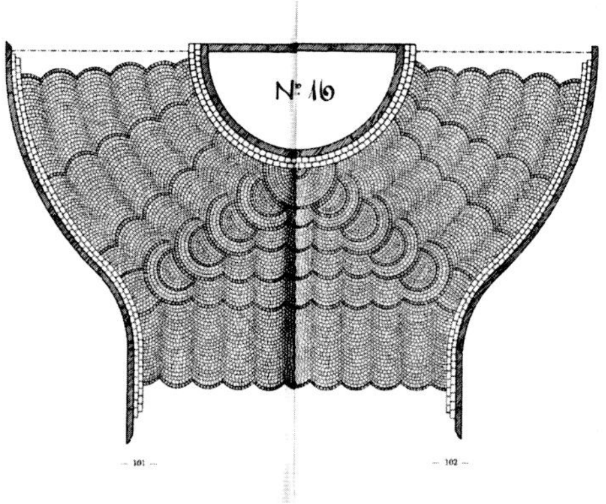

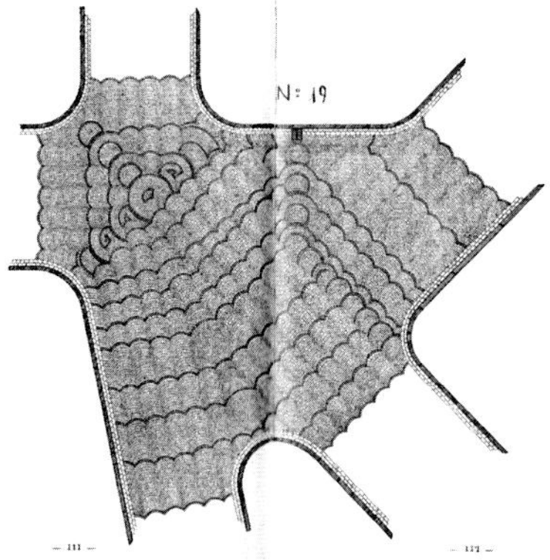

Zwei Beispiele wie Noll den Segmentbogen „laufen“ lassen kann. Betrachtet man die zwei Skizzen, bekommt man sicherlich Angst und denkt das ist unmöglich. Jedoch das was man hier sieht ist definitiv praktisch umsetzbar. Dazu muss man natürlich das ganze Werkzeug des Segmentbogens kennen und nutzen. Die Bilder zeigen Straßen

Schnitte, *könnten aber auch zum Teil Hofanlagen sein*, die deutlich machen wie der optimale Verlauf und das Anlegen der Segmentbögen sein sollte. Keine Ecken und Kanten, sondern einfach ein Fließen des Segmentbogens. Die dunklen untermalten Bereiche hier auf den Bildern, zeigt die Technik.

Hinweis/Tipp: Einmal versuchen eine von beiden Skizzen von Seite 20 nachskizzieren…

Im Detail

Was heißt oder ist das Werkzeug des Segmentbogens?

Nun dazu muss man wissen das sich die Technik des Segmentbogens auf natürliche und logische Gesetze beruft, die u.a vom Brückenbau (Viadukte), übernommen wurden. So entstanden Technische Regeln die, *wenn sie nicht eingehalten werden*, den Segmentbogen scheitern lassen. D.h. man hat explizit darauf zu achten das diese Regeln eingehalten werden. Auch in der Interpretation, dazu später mehr, sind diese Regeln zu beachten. Die Werkzeuge, so wie ich es bezeichne, sind in der Ausführung je nach Bedarf, Notwendig und unausweichlich, *sonst funktioniert nicht viel.*

Grundsätzlich:

- Es wird von unten nach oben gepflastert-
- Vom Tiefpunkt zum Hochpunkt gepflastert-
- Aus der Mitte zu den Rändern gepflastert-

Mit diesen sogenannten „Werkzeugen" lassen sich sämtliche Flächen in Segmentbogenform gestalten. *So dass es immer stimmig ist.* Nebenbei erwähnt, lassen sich diese Werkzeuge auch ornamental nutzen, so dass auch Kunstpflasterungen entstehen können. Beschäftigt man sich intensiv mit

dem Segmentbogen, wird man schnell feststellen das er Technisch ausgereift ist und dadurch sogar „Pflasterkunst" ermöglicht, die keinen großen Aufwand erfordert.

Hinweis: Einmal den Weg des Segmentbogens auf dem Bild rechts verfolgen…

Werkzeuge (Technik/Instrumente) im Einzelnen:

- Richtungswechsel/Drehungen
- Aufweitungen (Bogen aufnehmen)
- Einschnürungen (Bogen abnehmen)
- Tiefpunkte (Fischaugen/ oder Bullaugen)
- Hochpunkte (Rauten)
- Hufeisen
- Kirchenfenster (Interpretation)
- Pflasterfeldbreiten
- Skizzen
- Spangen
- Spitzbögen

Wir beginnen mit Richtungswechsel/Drehungen:

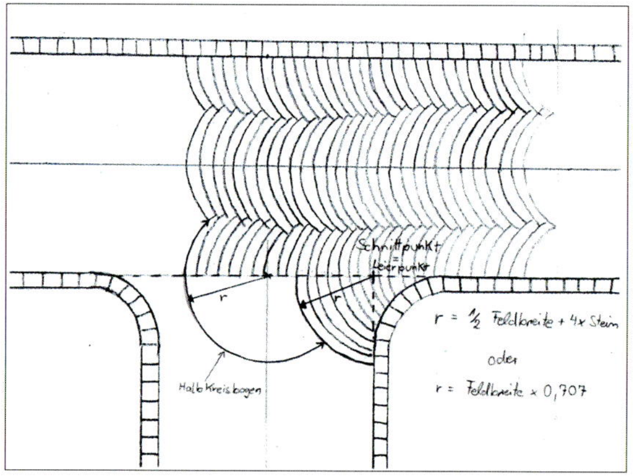

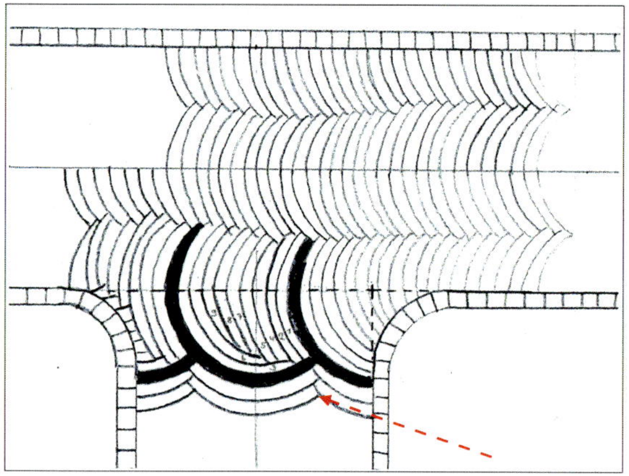

Skizze oben links: Das ist ein relativ einfacher Richtungswechsel nach Noll und nennt sich Richtungswechsel nach Hufeisenform. Rechts und unten, Skizzen von meinem Kollegen Frank Schnitzler, der das System nach Noll darstellt und erklärt…

Nolls Skizze oben links zeigt zudem noch das die Wechsel in einem Tiefpunkt auf der Straße (Hauptachse) entstehen. Erhöht etwas den Schwierigkeitsgrad…

Hinweis: Der rote Pfeil auf der unteren Skizze zeigt wo dann das neue Herz/Mitte des Bogens entsteht.

Bilder BV Hünfelden (Hessen) März 2018

Hierzu drei Bilder als Erklärung der vorherigen Seite. Sie zeigen, bzw. demonstrieren, wie es u.a praktisch auszusehen hat.

Hier sind Tiefpunkt und Richtungswechsel die Praxis empfundenen Elemente wie Bullauge und Kirchenfenster. Nolls Herangehensweise ist Fischauge und Hufeisen.

Nolls Konzept ist schulisch, theoretisch, aber auf jeden Fall auch praktisch orientiert. Die hier zu sehende Variante ist eine aus der Praxis empfundene und entstandene Möglichkeit. Letzteres praktiziere ich schon 41 Jahre.

Hinweis: Der gelbe Pfeil zeigt den Tiefpunktwechsel in runder Form. Da es nicht Nolls Fischauge ist, wird es in dem Fall auch oft Bullauge genannt…

Interpretation einfacher rechtwinkliger Richtungswechsel Kirchenfenster:

Zwei Skizzen mit dem Richtungswechsel Kirchenfenster.

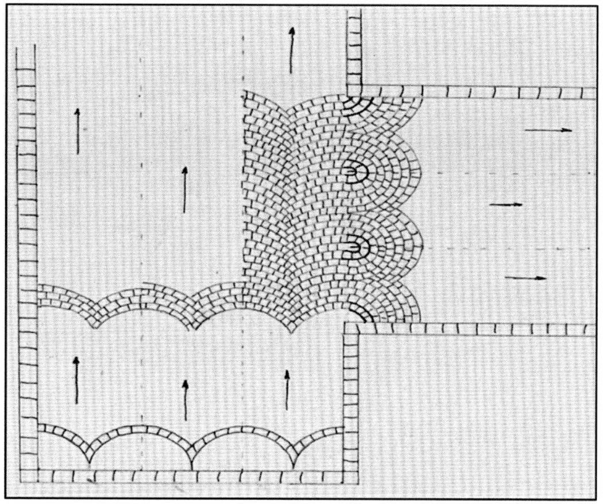

Auf dieser Skizze nochmals detaillierter zu sehen. Der Unterschied zum Hufeisen.

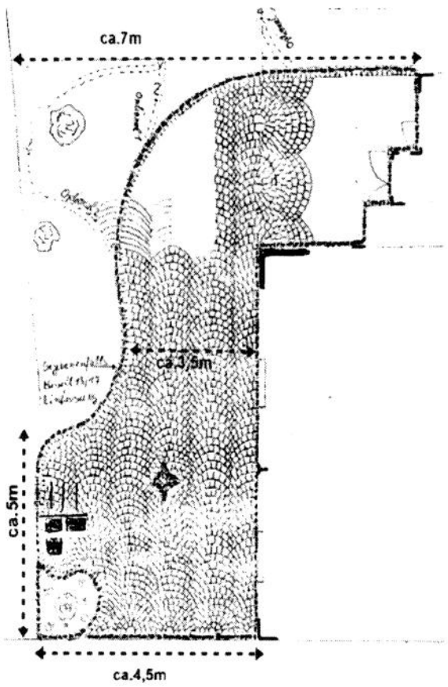

Der Unterschied Kirchenfenster zu Hufeisen, das langgezogen durch einen Radius x entsteht ist, dass die Drehung (Wechsel) im Kirchenfenster, direkt und kurz an den z.b Rändern anschließt. Ferner sind bei dem Kirchenfenster max. 3 Steine zu behauen. Das Hufeisen dagegen verlangt mehrere Steine, die behauen werden müssen.

Dadurch ist das Kirchenfenster, da es sehr eng und kurz angelegt werden muss, etwas komplizierter, aber stabiler. Der Schwachpunkt wie in der Hufeisen-Variante ist nicht vorhanden.

Hinweis: Auf Seite 24 Frank Schnitzlers Erklärung Hufeisen…

Warum Skizzen?

Auf diesem Bild nochmals zu sehen. Den Richtungswechsel mit Kirchenfenster. Dieser Wechsel ist einfach „kurz und schmerzlos" Der Radius ergibt sich Automatisch, da in diesem Fall der Segmentbogenanfang den Praxis Anfang nachbildet. Auf Seite 26, rechte Skizze...

Hinweis: Sowohl Kirchenfenster oder Hufeisen, beides ist Segmentbogen Richtungswechsel Kompatibel.

Skizzen sind das Non plus Ultra. Wichtig für alle belange des Segmentbogens. Gerade als Anfänger kann man sich mit Skizzen behelfen. Dabei müssen diese nicht grundsätzlich Maßstab gerecht sein. Wichtig sind die Grundrisse und die eventuellen Höhenverhältnisse. Wenn man dies hat, sollte man die Segmentbogenpflasterung auf das Papier bringen. Hierbei kann man ausloten was geht und was nicht geht. Hat man es geschafft die Auslotung aufs Papier zu bringen, hat man eigentlich die Gestaltung/Pflasterung schon im Kopf gepflastert. In der anschließenden Umsetzung erleichtert das skizzierte erheblich.

Hinweis: Man hat quasi auf Papier die jeweilige Fläche schon „mal" gepflastert (In Gedanken/Kopf)

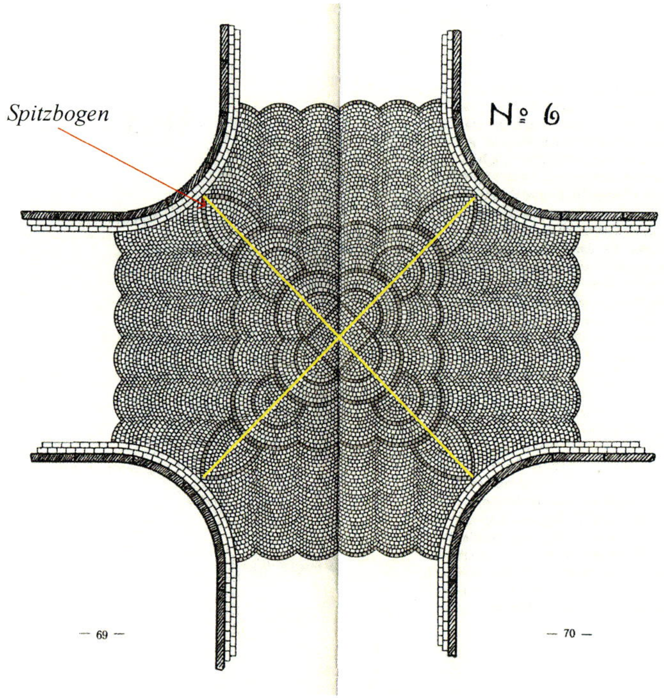

Diese Skizze, Variante, von Noll zeigt ganz deutlich, dass es wichtig ist die Segmentbogenanordnung zu skizzieren. Wenn man sich die Hilfsachsen (gelbe Linien) die ich miteingefügt habe anschaut, machen diese Hilfslinien deutlich wie das Konzept gedacht ist und wie es aufgeht.

Da die Skizze zu allen Seiten eine Steigung andeutet, die Mitte also der Tiefpunkt ist, sind es eigentlich alles Aufweitungen, hauptsächlich in Hufeisen Form und Spitzbögen, die das ganze praktikabel leicht lösen lässt…

Für einen Steinsetzer der den Segmentbogen beherrscht, kein Problem.

Hinweis: Die Spitzbögen, die hier von Noll untermalt sind, haben eine ähnliche Funktion wie die der Hufeisen.

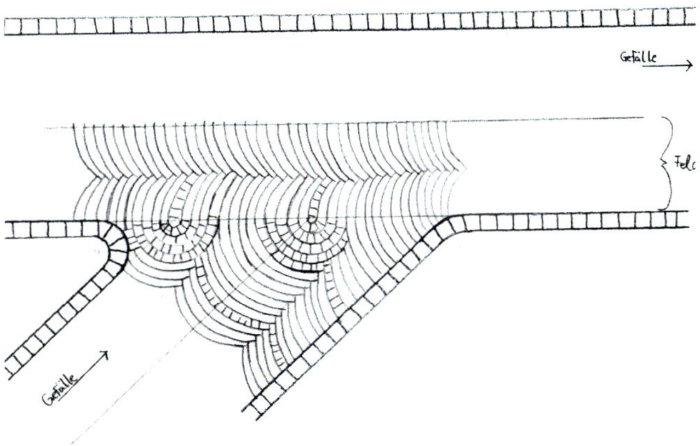

Hierzu eine weitere Skizze meines Kollegen Frank Schnitzler.
Gleichzeitig ist es eine Drehung/Wechsel mit dem Kirchenfenster.

Rechtwinklige Richtungswechsel sind das eine und wie vorgetragen kein so großer Schwierigkeitsgrad. Aber es gibt ja nicht nur rechtwinklige Drehungen, sondern auch Drehungen die 60° haben oder 45° usw. Auch hier ist es grundsätzlich nicht schwer dieses zu bewältigen. Auch hier helfen Skizzen, bzw. steht man vor so einer Aufgabe und ist sich unsicher dies richtig zu lösen, skizziert man sich die Situation und wird erkennen worauf es bei Drehungen von 60° oder andere, ankommt.

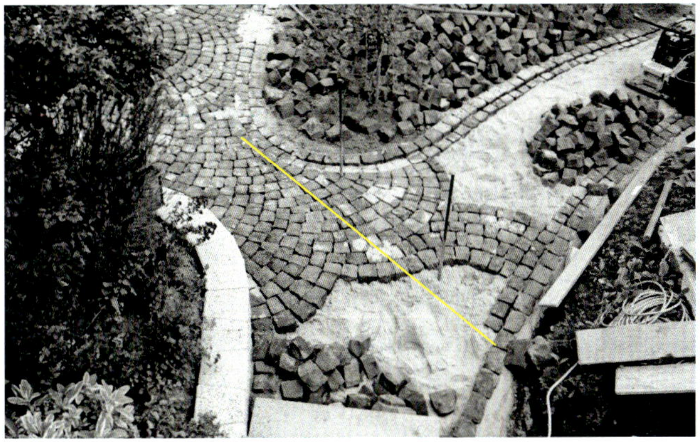

Das Foto zeigt quasi eine doppelte Schräge Drehung. Mit Hilfsschnüren war das recht einfach zu lösen.

Die Hilfslinie, die ich eingefügt habe, verdeutlicht die Vorgehensweise nochmals.

Zwei weitere Bilder aus der Praxis, die den Richtungswechsel zeigen. Auch wenn man es nicht glauben mag, Richtungswechsel/Drehungen kommen öfters vor als man glaubt. **Richtungswechsel /Drehung ein sehr nützliches Instrument im Bereich Segmentbogen.**

Die Pfeile auf dem rechten u. linken Bild deuten nochmals das Kirchenfenster an...

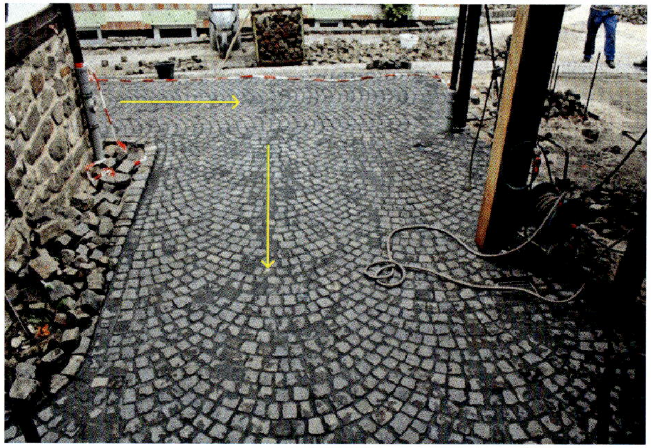

Hinweis: Sicherlich könnte man in dem Bereich der Wechsel eine oder auch zwei Läuferreihen setzen, um das ganze zu schließen und dann mit einem neuen Segmentbogenanfang weiter pflastern. Das hat man schon vor mehr als 100Jahren so gemacht, aus Bequemlichkeit. F.W Noll hat diese Bequemlichkeit aufgedeckt, hat gleichzeitig die Schwächen dieser Bequemlichkeit erkannt.

Nach F.W. Nolls Analyse wurde der Richtungswechsel eingeführt. Sogar wurden teilweise Richtungswechsel die mit Läuferreihen geschlossen waren, wieder aufgenommen und es wurde ein fließender Richtungswechsel eingefügt/gepflastert. Da es heute immer noch einige gibt die das schließen an Wechselpunkten mit Läuferreihen bevorzugen, kann man hier von ausgehen das Halbwissen und Bequemlichkeit die Gründe sind.

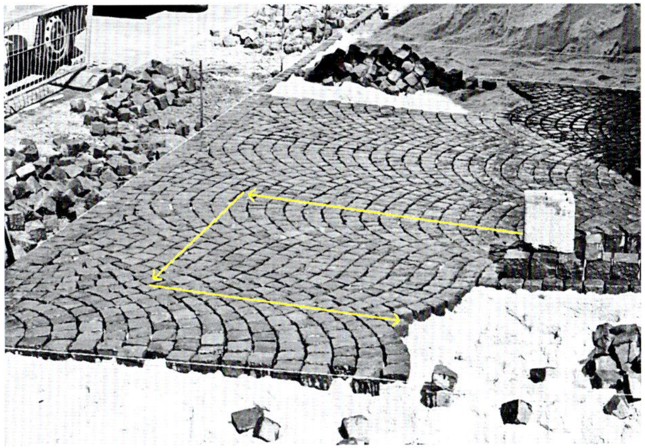

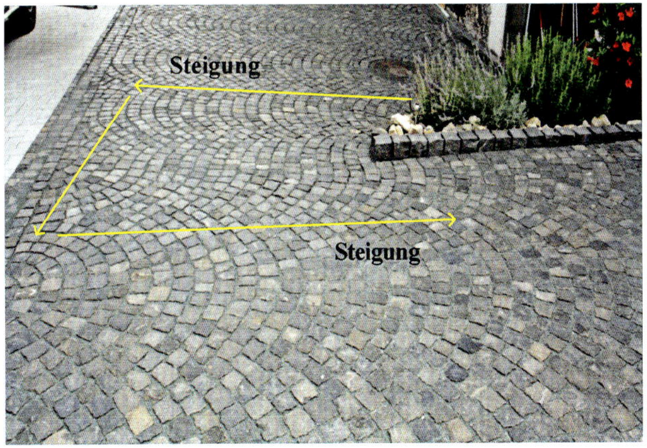

Richtungswechsel 360°, quasi um die eigene Achse drehen und gleichzeitig eine Gefällewechsel. Ein Richtungswechsel in Perfektion würde man sagen und die hohe Kunst des fließenden Segmentbogens.

Hinweis: Die Pfeile zeigen den Richtungswechsel und den Gefällewechsel.

Aufweitungen/Bögen aufnehmen

Eigentlich ein Instrument das es in sich hat. Wenn nicht sogar ist es der Schlüssel zum fließenden Segmentbogen. Aufweitungen, man könnte es auch öffnen von Bögen nennen, sind vielseitig und sehr Facettenreich. Hiermit macht man aus einem Bogen 2,3,4,5,6,7 usw. und man kann ebenfalls Richtungen damit lenken und wechseln, bzw. ändern.

Je nach Flächen Beschaffenheiten, können Aufweitungen ins unendliche gehen.

Hinweis: Die Aufweitung oder aufnehmen von Bögen, ist der Schlüssel zum Segmentbogenfluss.

Das Bild zeigt eine Hofreite die 2014 neu gepflastert wurde. Hier geht einmal der Segmentbogen auf der oberen Ansicht in einen 90° Richtungswechsel über und die untere Seite ist mit einigen Aufweitungen bespickt, die den Fluss des Bogens ermöglicht. Keine Ecken und Kanten, sondern ein gleichmäßiges Fließen des Segmentbogens in allen Richtungen.

BV Hofreite in Lich (Hessen) 2014

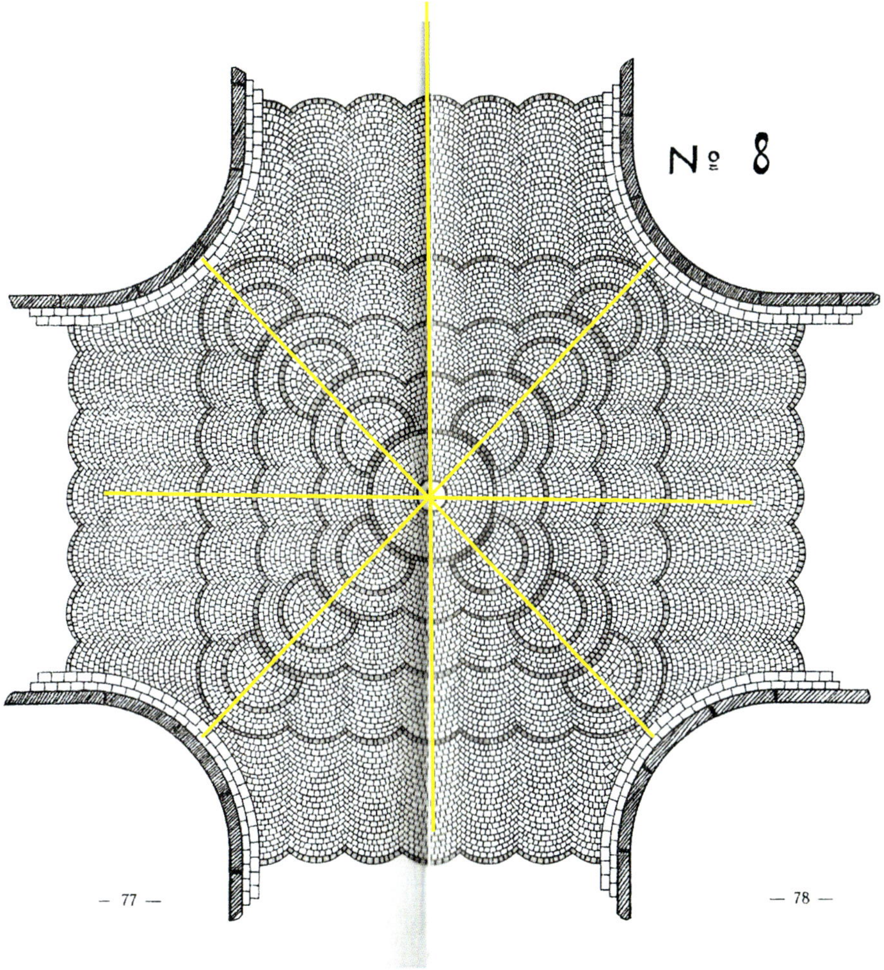

Diese weitere Aufzeichnung von Noll zeigt deutlich das öffnen von Bögen. Hier ist die Handschrift des Öffnens das Hufeisen, das nach allen vier Ecken (Diagonalen) angelegt wurde. Das ermöglicht aus einem Bogen zwei zu machen, aus zweien drei usw.

Da diese Skizze eine Kreuzung darstellt, sind entsprechend die Aufweitungen auf allen Seiten Gleichmäßig.

Und wieder zeigen meine eingefügten Hilfslinien das Konzept von Noll. Die Technische und System orientierte Raffinesse sollte erkennbar sein. Unmöglich? Nein überhaupt nicht und wiederum einfacher als man denkt.

Hinweis: Obwohl das eine sehr ausgeklügelte und Spitzenvariante von Noll ist. Ich selbst würde hier eine Rosette bevorzugen…

Dieses Bild zeigt eine Ausbildung des Hufeisens in der Diagonalen. Von dort aus wurden, in diesem Fall Schuppen, in allen Richtungen gepflastert.

Eine Terrasse mal ganz anders gestaltet. Mit vollem Ausnutzen der Werkzeuge des Segmentbogens.

Hinweis: Auf dieser kleinen Terrasse war es mir wichtig, keinen einseitigen Segmentbogenanfang anzusetzen, sondern ein fließen mit den Bögen zu erzeugen. Wenn man die Hufeisen nach Noll nutzt, kein großes Problem…

Das Bild zeigt ebenfalls Nolls Konzept, das ich hier in dem Fall, einmal auf einer Messe präsentiert habe.

Aufweitungen nicht als Hufeisen. Eigentlich heute die gebräuchlichste Variante die sich auch an Nolls Philosophie hält. Hier wird eigentlich wie es in einer Interpretation ist, wieder kurz und schmerzlos gehandelt. In der Praxis geht es meist auch nicht anders. Aber wie erwähnt die folgende Interpretation hält sich an Nollsche Gesetze. Die Stabilität der Segmentbogenpflasterung wird nicht negativ tangiert, eher das Gegenteil ist der Fall…

Um die folgenden Aufweitungen zu erklären, müssen vorab Feldbreiten genannt und definiert werden, denn Aufweitungen sind jeweils abhängig von dessen breiten. **Die Feldbreite bestimmt die Aufweitung.**

Das Steinformat bestimmt die Feldbreite, hier Empfehlungen von Noll:

Die passendste Bogengröße wird sein:

Für Steine	Bogenlänge	Bogenhöhe	Rad. d. Bog
von 6/8 cm Größe	0,80—1,10	22/24 cm	ca. 0,65 m
„ 8/10 „ „	1,10—1,35	24/27 cm	„ 0,90 m
„ 10/12 „ „	1,35—1,70	27/32 cm	„ 1,25 m

Hinweis: Zur Übersetzung, Bogenlänge= etwaige Feldbreite.

Das bedeutet: Jede Kleinpflastergröße hat eine bestimmte Feldbreite und die Feldbreite ergibt gleichzeitig die etwaige Bogenlänge. Oder umgekehrt…

Nach Noll heißt das, für die Pflastergröße 6/8 wären Feldbreiten einzurichten die, entweder minimal 80cm breit sind, oder maximal 1,10cm breit sind. Mit diesen Maßen wäre eine generelle Feldbreite definiert. Feldbreite/Bogenlänge siehe Bild.

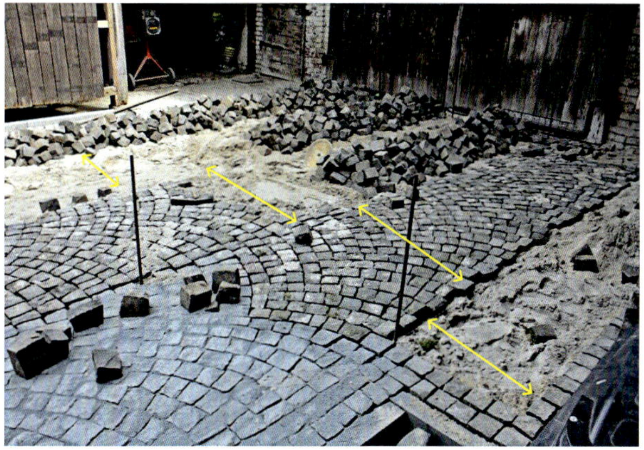

Die Hilfslinien zeigen auf dem Bild die Feldbreiten/Bogenlänge. In dem Falle sind es 1,25cm bei einer Steingröße von 8/10…

Um eine oder die Aufweitung eines Segmentbogens zu definieren, wird es jetzt etwas kompliziert. Aufweitung bedeutet nichts anderes als, dass ein neuer Segmentbogen mit einem Hufeisen oder Viertelkreis erweitert, bzw. neu angelegt wird. Aber wann kann dieser oder müsste dieser angesetzt werden. Dazu ein Beispiel:

Hier ein Fotobeispiel von mir, R.Sikorski (Steinkunst-Sikorski)

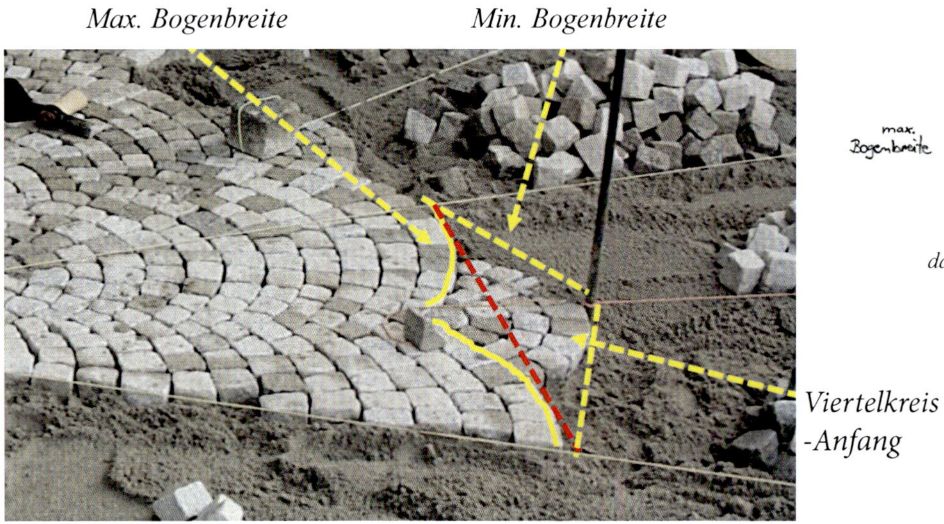

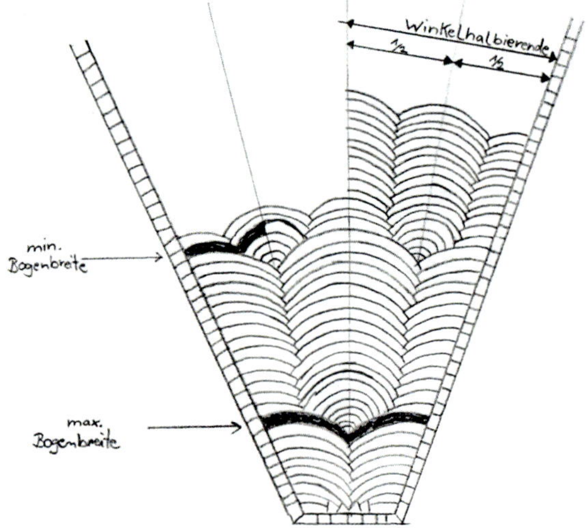

dazugehörige Skizze meines Kollegen Frank Schnitzler

Wie die Skizze vermittelt, es muss von der ausgewählten Feldbreite, z.b 1,10m, die maximale mögliche Breite eruiert werden. D.h haben wir ein Pflasterformat von 6/8, eine Feldbreite von 1,10m, so muss man den Segmentbogen Beispiel 6/8, soweit hinausziehen das es noch einen gefälligen Segmentbogen ergibt. 1,10 und 6/8 Pflaster ergibt sicherlich noch eine ansehnliche Bogenlänge von ca. 1,40m. Wenn das so ist hat man die maximale Breite, die man durch zwei teilt worauf sich gleichzeitig die minimale Feldbreite für den 6/8 Pflasterstein ergibt. Letzteres bedeutet man fängt das neue Feld mit einer Feldbreite von 70cm an, die dann wieder bei ca:1,40m endet.

Hinweis: Auf der Skizze würde es in Zahlen als Beispiel so aussehen. Max. Bogenbreite 1,40 und min. Bogenbreite 0,70m.

Hat man die Logik der Aufweitungen, die wie gesagt mit dem sog. Hufeisen oder eben in der Viertelkreis Methode angesetzt werden können, verstanden, stehen Variationen zu Verfügung, die den Segmentbogen erst so richtig vielseitig und spannend machen.

Tipp: Um so weiter man eine Bogenlänge x hinausziehen kann, so dass der Bogen gefällig bleibt, um so einfacher und schöner wird die Aufweitung. Somit erreicht man das in der Minimalen breite das Herz/Mitte ziemlich den 90° (Explizit sind es meist 87°) entspricht.

Beispiel: Würde ich es schaffen, dazu nehmen wir die oberen Zahlen. 6/8 Pflastergröße mit der Herangehensweise die max. breite auf 1,50m zu ziehen, um dann eine minimale breite von 0,75m zu erreichen.

Somit würde ich einen schöneren Übergang zur neuen Feldbreite bekommen.
(Bei einer 6/8 Schlagung jedoch schwer realisierbar.)

Es geht aber auch im umgekehrten Sinne. Bedeutet, ich kann auch die Feldbreite nur bis zu 1,20m oder 1,25m hinausziehen. Das Ergebnis daraus, wir haben eine enge minimal breite von 0,60m – 0,63m. Hier muss dann der neue Anfang (Viertelkreis) akribischer gepflastert werden, um somit Kanten und klaff fugen zu vermeiden die bei der neu entstehenden Mitte/Herz anfallen können, aber nicht sollen.

In der Konsequenz: Letztendlich eignet sich jeder Pflasterer die Breiten an, die
Ihm mit den entsprechenden Erfahrungen, am besten liegen.

Hinweis: Vorteil, Nachteil.
Vorteil max. Bogenbreite/-länge. Umso einfacher lässt sich die minimal breite neu anlegen.
Nachteil max. Bogenbreite.
Die Bogenführung genau einzuhalten. Tendenz Herz/Mitte 70° und das wäre nicht erwünscht.
Am besten die max. Bogenbreite um ein bis zwei Steinen verkürzen.
Beispiel: Wäre die Anzahl in der maximalen Bogenbreite 18 Steine bei einer Formatgröße 8/10, dann lieber auf 16 oder 17 Steine gehen.

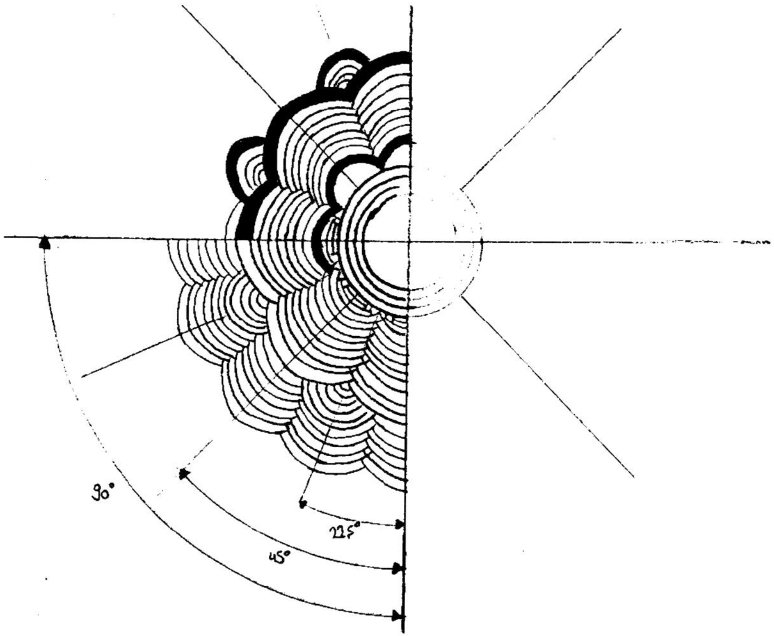

Hier eine weiter Skizze von meinem Kollegen Frank Schnitzler

Am Beispiel der hier darstellenden Rosette nochmals die Aufweitung im Detail und dessen Variatonsreichtum.

Praxis-Beispiel in Bild. Hier kann man Frank Schnitzlers Beschreibung gut erkennen. Eine Situation die wie in diesem Fall, vorkommen kann. Hier war der innere Kreis für ein späteres Kieselornament gedacht. Es könnte aber auch eine Brunnen Um-Pflasterung sein.

Hinweis: Die gelben Pfeile zeigen jeweils den Viertelbogenansatz, der die Aufweitung bzw. Aufnahme eines neuen Bogens einleitet.

Hof Rosette 2005 in Limburg/Elz (Hessen)

Steinkunst-Sikorski

Hier drei Bilder von Rosetten. Linkes Bild eine Arbeit von Frank Schnitzler, rechtes Bild und unteres Bild, Halbe Rosette, von Steinkunst-Sikorski. Werke die deutlich zeigen was Aufweitungen können, denn Rosetten bestehen ausschließlich aus Aufweitungen. Sind dann jeweilige Rosetten geschlossen, haben also einen äußeren Rand, bilden sie schon Ornament Charakter. Sind sie offen, kann man in alle Richtungen die unmöglichsten Flächen Schließen *und somit immer einen Segmentbogenfluss erzeugen.*

Hinweis: Eine Rosette ist ideal für Terrassen und als Gestaltungselement. Ob einfarbig oder mit farblicher Untermalung. Bei einer farblichen Untermalung, kann dadurch schon ein Charakter einer Blüte/Blume entstehen.

Hierzu eine Tabelle in dem ich Feldbreiten zu Nolls Feldbreiten notiert und ergänzt habe, die aus mittlerweile 41 Jahren Berufserfahrung entstanden sind und praktisch oft ihre Anwendung fanden. Mit diesen zusätzlichen Feldbreitenmaßen kann man sich mit heutigen Spaltpflastermaßen/Formaten sehr gut helfen.
Bei Aufweitungen ist dann jeweils die max. Bogenbreite zu eruieren.
Hinweis: Diese von mir aufgezählten Maße sind relativ gut geeignet für heutiges Spaltpflaster Format.

Tabelle Steingrößen und Erfahrungswerte für Segmentbogenfelder:

Mosaik

Pflastergrößen:	3/5 cm	4/6 cm		

Einsatzbereiche: Wildverband, Passe, **Segmentbogen**
Feldeubteilung: Segmentbogen und Schuppenverband, 0,60m, 0,80m und 1,00m

Kleinpflaster

Pflastergrößen:	5/7 cm	6/8 cm	7/9 cm	

Einsatzbereiche: Reihenverband, Netz-Passe, **Segmentbogen**, 5/7 u. 6/8 sind auch für den Schuppenverband bedingt einsetzbar.
Feldeinteilung: Segmentbogen, 0,80m bis 1,10m, 1,20m, 1,25m und 1,10-1,35m für das Format 7/9.

Kleinpflaster

Pflastergrößen:	8/10 cm	8/11 cm	9/11 cm	

Einsatzbereiche: Reihenverband, Netz-Passe, **Segmentbogen**
Feldeinteilung: Segmentbogen, 0,80m, 1,00m, 1,20m, 1,25, 1,30-1,35m. Für das Format 9/11cm ab 1,25-1,45m

Das Instrument Aufweitung ist eines der wichtigsten Werkzeuge im Segmentbogen. Es lassen sich damit Flächen konzipieren, sowohl als Standard Lösung wie auch als Gestaltungselement. Wie das Beispiel Rosette zeigt.

Sind es bei Noll generell die Hufeisen die Lösung, auch Spitzbögen, hat sich heute eher die Viertelkreis Aufweitung durchgesetzt. Sie ist unkomplizierter, einfacher in der Umsetzung. In der Statik und der Technik ist sie trotz allem nach Noll interpretiert. Ein Nachteil gegenüber Nolls Konzept und Ausführungsweise, ist sie nicht. Eher, wahrscheinlich sogar ein Vorteil.

Bei der Komplexität des Segmentbogens, wobei, ich erwähnte es mehrfach, ist die Aufweitung eines der wichtigsten Handhabungen, das sich letztendlich in Konzeptlösungen für Flächen bemerkbar macht und zeigt.

Dazu ein paar Beispiele. Ebenso wie bei Noll nehmen wir fiktive Flächenformate an. Daran wird erst richtig erkennbar wie Komplex und Facettenreich der Segmentbogen eigentlich ist und sein kann.

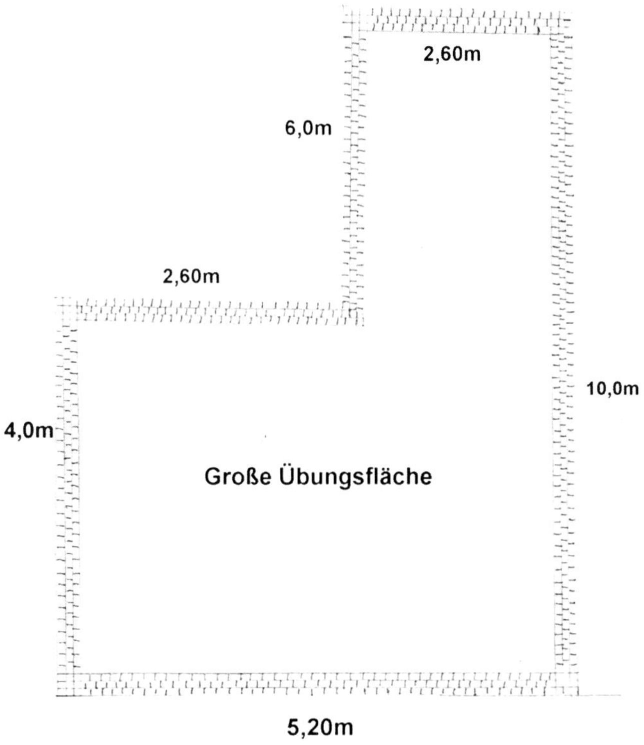

Hier sind u.a 5 Segmentbogen Varianten enthalten

Betrachtet man die Skizze, stellt sich die Frage, fünf Möglichkeiten? (Es gibt mehr als 5 Möglichkeiten)

Die Möglichkeit der Varianten beziehen sich auf die jeweilige Gefälle Situation.

Beispiele Gefälle:

- Zur Mitte der Fläche-
- Gefälle von links nach rechts-
- Gefälle von links nach rechts und Steigung rechts schmaler Steg-
- Gefälle von rechts nach links-
- Gefälle von unten nach oben-
- Gefälle von Oben nach unten Abzweigend nach links-
- Usw.

Alles Möglichkeiten die Vorkommen können. Entsprechend kann und
muss man den Segmentbogen auf diese und noch weitere Gegebenheiten einrichten. Eventualitäten nie außer Acht lassen.

Nächstes Beispiel nochmals die Skizze.
Hinweis: Die Skizze ist nicht im Maßstab.

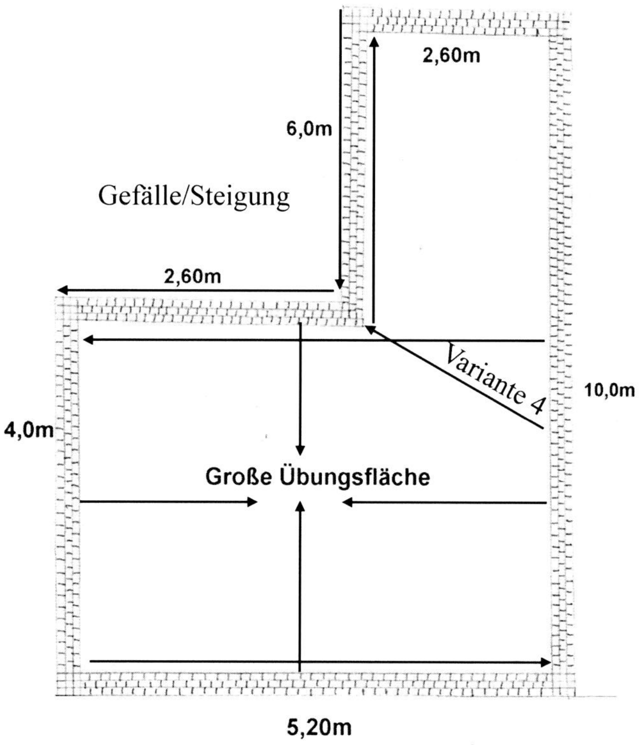

Hier sind u.a 5 Segmentbogen Varianten enthalten

Auf dieser Skizze habe ich Pfeile angeordnet, die jeweils die Fließrichtungen andeuten sollen.

Somit ergeben sich die verschiedensten Varianten. Bei einem Übungsstück für Lehrgangsteilnehmer März 2017, habe ich die Variante 4 ausgewählt, um zu zeigen was machbar ist.

Tipp: Einfach mal eine Situation ausprobieren, skizzieren…

Hier eine Ausführungsskizze von Steinkunst-Sikorski 2016

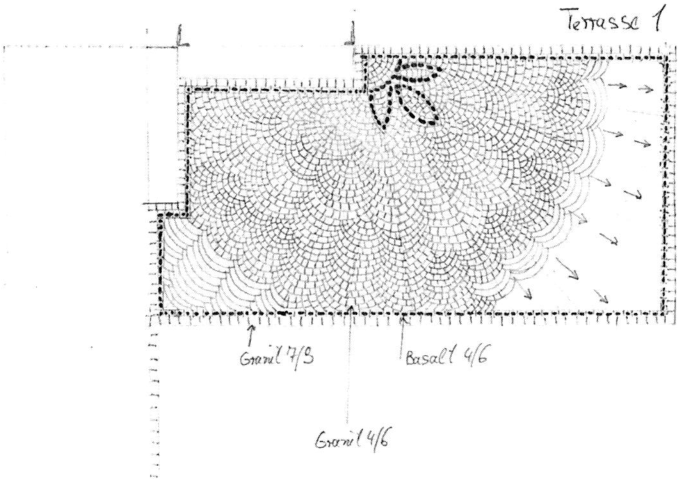

Vorherige Seite meine Skizze/ Konzept und hier die passende Ausführung dazu. Mittleres Bild, das Werkstück damaliger Seminar Teilnehmer im BZ Braunschweig März 2017. Basierend auf das Konzept, aus der Blüte entspringt ein Segmentbogenfluss.

Das Bild rechts zeigt einen ca. 60° Segmentbogenanfang/Ansatz. Den ich 2013 auf einem alten Hof konzipierte und umsetzte...

Somit gab es nur einen Anfang, der sich durch eine Drehung (Halbkreis) und Aufweitungen in den ganzen Hof verteilte...

Hinweis: Die gelben Pfeile deuten den Richtungsverlauf der Bögen an. (Fast wie ein Uhrzeiger)

Und hier nochmal der Segmentbogen aus 60° in alle Richtungen gelenkt. Ebenfalls sind so auch die Gefälle/Steigung Situationen in diesem Hof. Wenn man die 3 zeilige Rinne (Pfeile) betrachtet, kann man es gut erkennen.

Rechts Bild zeigt des Weiteren eine Ausführung, mit einem direkten lenken einer Aufweitung. Der Pfeil deutet die 90° Drehung an, die aus einer Aufweitung folgt.

Hinweis: Gerade Aufweitungen, Bögen aufnehmen, ermöglichen solche Varianten. Hier ist es hauptsächlich wichtig auf die Minimal und Maximal Bogenbreite zu achten. Die einzelnen Aufweitungen (Viertelkreis) als solches, sollten eine gleichmäßige Größe haben. Siehe schwarzen Pfeil…

BV Hofanlage Reiskirchen (Hessen) 2013

Hier ein weiteres Beispiel mit Lehrgangsteilnehmern/Schülern, die eine Projektbezogene Aufgabe hatten, dessen Konzeption eine Kreuzung darstellen sollte.

Auch hier zeigte sich deutlich, wenn die richtigen Infos vermittelt werden, können auch Anfänger solche Aufgaben bewerkstelligen. Zwar mit Aufsicht und leichter Unterstützung wie in diesem Fall, aber es geht.

Hinweis: Frank Schnitzler und meine Interpretation dieser Variante mit der Rosette, basiert auf, „Aus der Mitte entspringt ein Fluss“ (Segmentbogenfluss)

Lehrgang Modul3: 22.02-24.02,17 BZ Braunschweig Robert Bosch Strasse

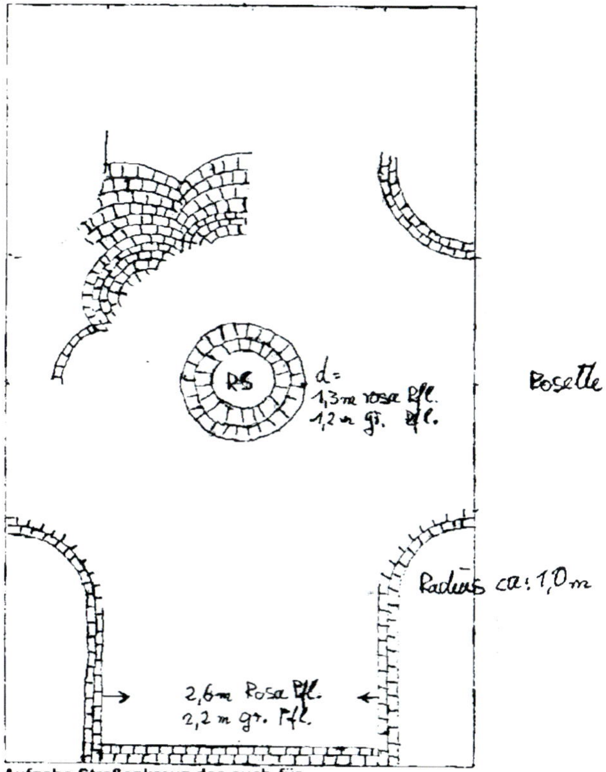

Aufgabe Straßenkreuz das auch für Terrassen verwendet werden kann.
Arbeitsfeld: ca: 8,0mx4,0m
Es wird ein Rahmen gemäß Skizze gepflastert
Einfassung Großpflaster o. Kleinpflaster
Aus der Mitte eine Rosette, 8,6,
oder 4 Ohren. Nach Wal der Teilnehmer
Bewertung: Genauigkeit, Ebenheit, Geschwindigkeit und Ergebnis.

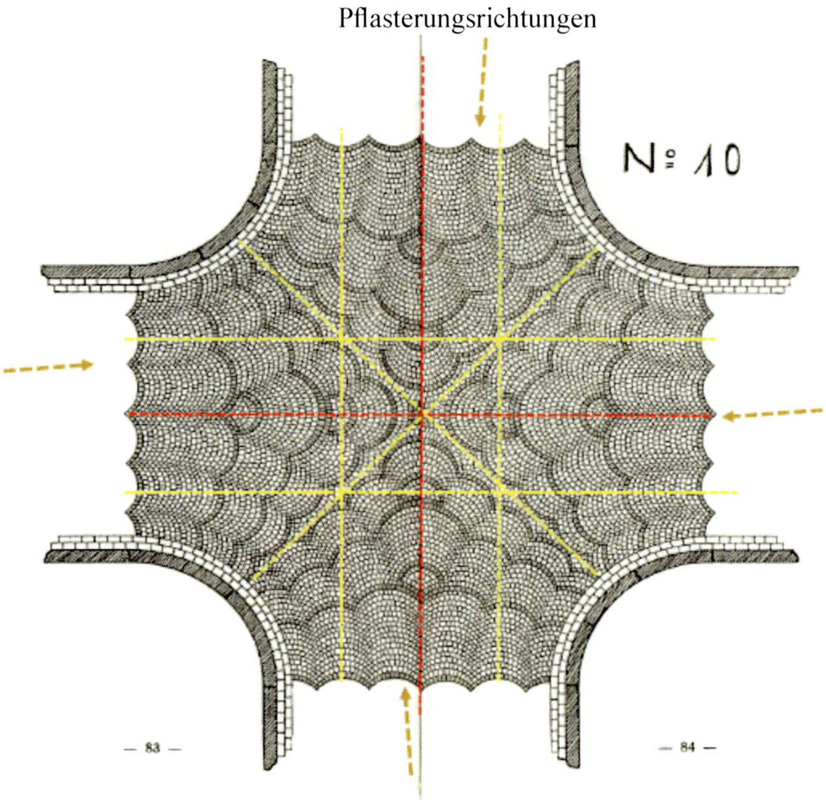

Hierzu eine weitere Aufzeichnung von Noll. Diese stellt die Situation da, dass in der Mitte der Kreuzung der Hochpunkt platziert ist. Man kann sehr gut erkennen wie aus allen Kreuzungs-Mündungen der Segmentbogen mit entsprechenden Aufweitungen sich zu diesem Punkt hinzu bewegt.

Kompliziert? Ja und nein. Richtet man die Schnüre entsprechend ein, ist es nicht einmal so schwierig. Die Hilfslinien, die ich hier eingefügt habe zeigen, dass das ganze Konzept auf Aufweitungen/Bögen aufnehmen basiert. Nimmt man noch die Achsen an, jeweils Straßenmitte mit einer Schnur (Hier rote Linien), dann lässt sich sowas recht einfach lösen.

Man hat hier mit einigen Aufweitungen zuarbeiten, muss aber auch gleichzeitig die Segmentbögen mit der jeweiligen Kurve mitlaufen lassen. Quasi hier in die Kurve pflastern und gleichzeitig Aufweiten ist der Schwierigkeitsgrad.

Hinweis: Hierbei muss man schon etwas geübt sein…

Hier drei Bilder von einem BV in dem ein weiterer Richtungswechsel mit Ca.60° notwendig war und anschließend mit Aufweitungen weiter verlief.

Linkes Bild: Der Richtungswechsel-

Mittleres und rechtes Bild: Verlauf mit Aufweitungen, die gleichzeitig auch den weiteren Richtungsverlauf lenkten. Die Pfeile zeigen wo die Aufweitungen platziert sind.

Hinweis: Mit dem aufweiten nach der Drehung wie in diesem Fall, kann man Flächenformate wie die Bilder es zeigen, einen Segmentbogenfluss erzeugen ohne Ecken und Kanten. Die Felder richtig eingeteilt und schon funktioniert es.

Aufweitungen als solches sollten bis hierhin verstanden sein. Man wird die Vielseitigkeit feststellen, wird aber auch sehen das hier sogar unendliche Möglichkeiten enthalten sind.

Nicht selten ist man gezwungen, je nach Situation mit Aufweitungen zu arbeiten, man kann sie aber auch willkürlich in *einer Platzgestaltung anwenden.*

Dazu muss man gestalterisch agieren. D.h. nicht nach 08/15 pflastern, sondern sich vorstellen können auch *unkonventionelle Pflasterungen* zu erstellen. Hier muss man jedoch erst mal das Papier sprechen lassen, ob das geht wie ich mir es Vorstelle, ob es ansprechend ist und passt.

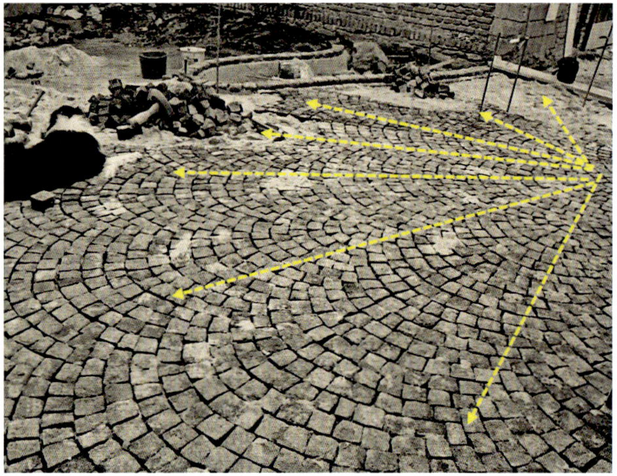

Dazu ein Beispiel: Die drei Bilder zeigen eine unorthodoxe Anordnung, denn hier hätte man von a nach b pflastern können, also einseitig. Die gelbe Linie zeigt die einfache Richtung für die Bögen… Die beiden anderen Bilder zeigen meine Idee, die von der Gefälle Situation möglich war.

Diese Bilder zeigen, wie mehrere Fertigkeiten genutzt werden müssen.

- Drehung in der Kurve und an der Rosette-
- Aufweitung/Bogenaufnehmen-
- Mit den Aufweitungen in Richtungen gehen-

Und nächste Seite, das Gesamtbild.

Hinweis: Wichtig, wenn wie in diesem Falle 3 Steinsetzer zusammenarbeiten, die Absprache und das vorherige einteilen der Situationen.

Projekt Russland, Rostov on Don August-Sept 2012. Komplett Gestaltung und Pflasterung der Hof und Gartenanlage von 600qm.

Steinkunst-Sikorski (R.Sikorski) und
Steinkunst-Schwaben (Frank Schnitzler)

BV Russland Rostov on Don September 2012

Einschnürungen/Bogen abnehmen

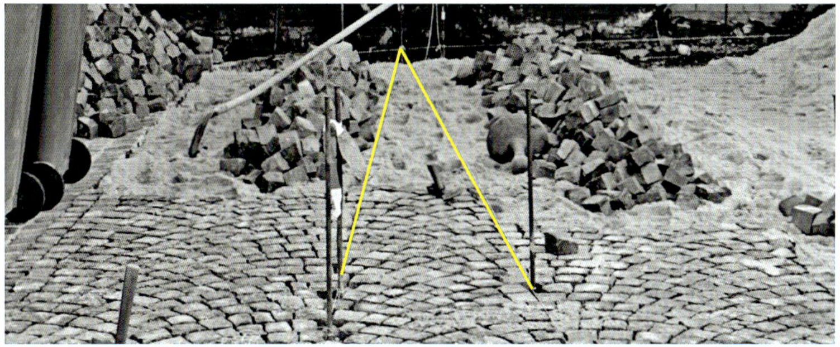

Das genaue Gegenstück zu Aufweitungen/Bogen aufnehmen. Dieses Werkzeug ist eher unbequem und gehört zu den etwas Schwierigen Sachen im Segmentbogen.

Hier immer den idealen Punkt zu finden in dem der Bogen verschwindet und in einem vorhandenen Bogen übergeht, ist nicht einfach. Selbst mir passiert es ab und zu mal, nicht die richtige Verschmelzung zu platzieren.

Zwar ist das einrichten der Einschnürung/Verjüngung recht einfach, jedoch an der späteren praktischen Verschmelzung wird es immer schwierig. Richtiges Einschnüren ist daher auch generell unbeliebt. Muss aber sein, gehört dazu und ist auch wichtig.

Hierzu eine weitere Skizze meines Kollegen Frank Schnitzler, die das Grundprinzip der Einschnürung verdeutlicht

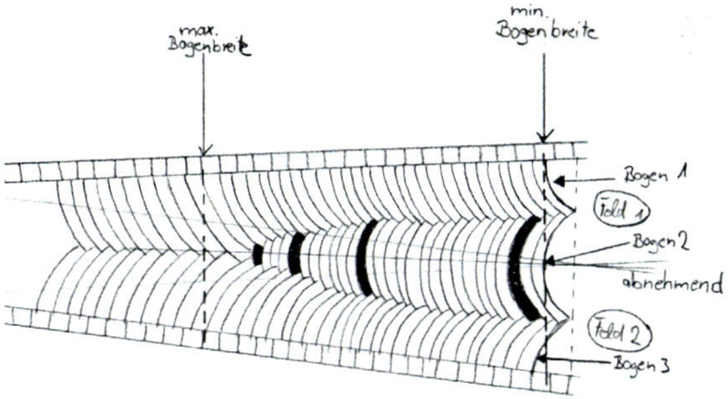

Diese Bilder zeigen nochmals die Einschnürung detailliert. Bogen abnehmen heißt nichts anderes, wie das rechte Bild hier zeigt: Von drei Feldbreiten auf zwei, oder von 4 auf 3, 5 auf 4 usw. Feldbreiten zu gehen. Also verjünge ich.

Hinweis: Bei Aufweitungen gehe ich vorwärts, bei Einschnürungen rückwärts.

Ausgangspunkt a= 3,30m
Endpunkt b = 2,20m

Anders als bei einer Aufweitung, muss ich hier nicht die maximal breite der Feldbreite berücksichtigen, sondern ich muss grundsätzlich die Feldbreiten so einteilen/schnüren, das wenn eine Fläche sich verjüngt, trotzdem genaue Feldbreiten eingehalten werden.

Habe ich auf der einen Seite drei Felder a 1,10m und auf der anderen Seite stehen nur 2,20m zur Verfügung, muss ich dort die Feldbreiten ebenfalls auf 1,10 einrichten.

Auf dem Bild gut zu erkennen. Im Vordergrund 3 Felder a 1,10m, im Hintergrund 2 Felder a 1,10m.

Die Kunst des Einschnürens ist, man teilt sie immer in der Zentrale ein. Das bedeutet: Man könnte auch, als Beispiel, zwei Felder normal einteilen wie in unseren Beispielen mit 1,10m und das dritte Feld ebenfalls mit 1,10m und es am Rand auslaufen lassen.

Das wäre eine vereinfachte Variante der Einschnürung, diese wäre aber nicht nach Nollsche Prinzip und es wäre keine *fachliche* herangehensweise.

Wie auf der Skizze zu sehen rechts rot untermalter Bereich. Ob Aufweitung oder Einschnürung. Beides kann aus Bequemlichkeit gemacht werden. Doch hierbei ist keine Ästhetik/System vorhanden und das Ganze hat auch statische Schwächen. **Also kein Nollsche Prinzip und eine schlechte Interpretation noch dazu. Die eingefügten Linien deuten an wie die Einschnürung laufen muss. Oben 5 Felder unten 4 Felder…**

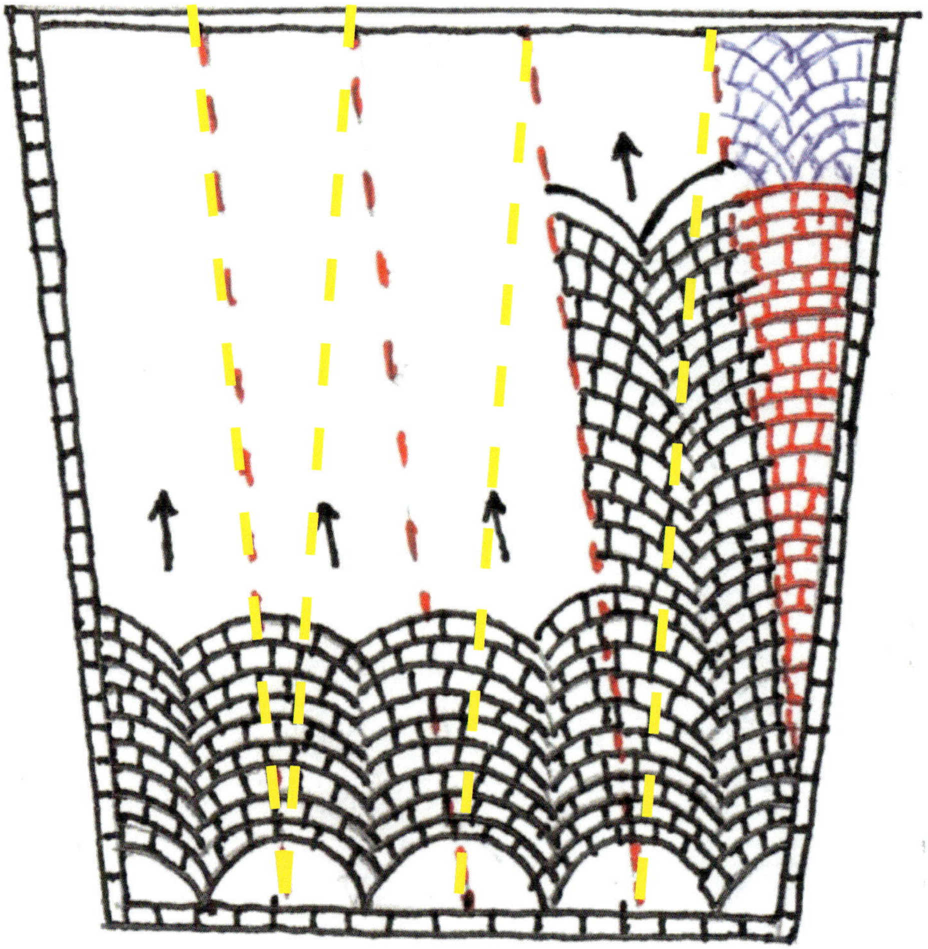

Hier zu sehen eine Hofeinfahrt, die mit 7 Feldern von jeweils 1,10m breite, sich auf 2 Feldbreiten a 1,10m verjüngen. Nächste Seite zeigt die Vorgehensweise, bzw. das Resultat.

Die gelben Linien zeigen den Hof Bereich der Aussieht wie ein Tatsächliches Trapez.

Hinweis: Im verjüngen von Bögen/Feldern, ist die Einteilung wichtig und die Herangehensweise der Pflasterung. Hier sollte die Minimal Bogenbreite so ausgereizt werden, das evtl. nur 4 Steine übrigbleiben, um in die Verschmelzung des fortlaufenden Bogens zu kommen. *Sehr diffizil.*

BV Hofanlage Löhnberg (Hessen) 2010

Das Bild mit den gelben Linien verdeutlicht nochmals, wie sich das ganze verjüngt. Sollte erkennbar sein, dass es sich sogar recht stark verjüngt.

Nochmals zu Erklärung: Genauso wie ich die maximale Bogenbreite und minimale Breite für Aufweitungen benötige, so benötige ich es auch bei Einschnürungen. *Nur im Umkehrschluss.*

Hinweis: Da wo sich die Einschnürung mit dem vorh. Feld trifft, entsteht die maximale breite mit dem vorh. Feld/Bogen und die minimale breite im Bereich in dem sich die Verjüngung mit dem vorh. Feld/Bogen verschmelzen.

Die Komplexität des Segmentbogens, sollte meiner Meinung nach an dieser Stelle sichtbar und verstanden sein.

- Ansetzen des Segmentbogens-
- Feldbreiten-
- Aufweitungen-
- Einschnürungen-

Möchte an dieser Stelle noch einmal auf die Feldbreiten und auf dessen Kriterien eingehen.

Auch Noll schreibt schon in seinen Aufzeichnungen, das letztendlich jeder Pflasterer seine sog. Lieblingsfeldbreite hat. So kann es sein das der eine Pflasterer 1,25m Feldbreiten bevorzugt, ein anderer wiederum 1,10m Feldbreiten. Das stellt grundsätzlich kein Problem dar. **Treffen sich beide und müssen ein Projekt zusammen ausführen, muss sich nur geeinigt werden mit welcher Grundfeldbreite soll agiert werden.**

Dann muss derjenige, der die 1,10m Feldbreite vorzieht, die 1,25 breite pflastern. Oder halt umgekehrt. Aber auch das ist problemlos.

BV Hofzufahrt Cleeberg (Hessen) 2018

Hochpunktwechsel/Tiefpunktwechsel

Diese beiden Faktoren sind ein Grundsätzliches Thema. Eine Grundlage, die insgesamt für den Pflasterbau, Naturstein oder Betonstein relevant ist und mit *zu den höchsten Prioritäten gehört.*

Faustregel: Es wird generell vom Tiefpunkt aus zum Hochpunkt gepflastert oder verlegt!
Ausnahmen: Gibt es nur in ganz bestimmten Fällen. Bereiche die weniger als 2% Gefälle haben und sich hauptsächlich im Privatbereich befinden.

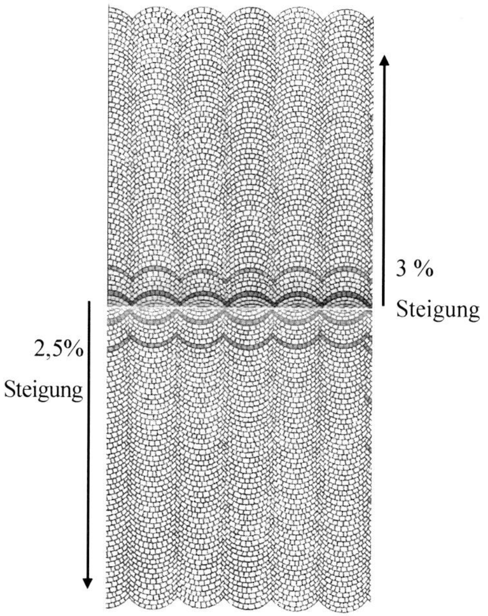

Zeichnung: F.W. Noll

Beispiele:
- **Terrassen-**
- **Fußwege-**
- **Eingangsbereich-**
- **Einfahrten in dem nicht mehr wie 1-2 PKW diese belasten-**

Hier kann man mal aus Ästhetischen Gründen die Faustregel umgehen.

Dazu auf dem Bild das Schema von F.W. Noll. Es verdeutlicht den Tiefpunkt, der hier fett untermalt ist. Es zeigt ganz einfach, dass aus der Mitte zweimal den Segmentbogenanfang Schulisch nach Noll. Das ergibt sogenannte „Fischaugen“ und das bedeutet hier *ist der Tiefpunkt*. Die beiden Pfeile verdeutlichen es, wie es zu verstehen ist und wie es auszusehen hat.

Hinweis: Tiefpunkt und Hochpunkt haben eine Priorität, die signifikant der Statik zu geordnet werden muss.

Erst die Theorie und dann die Praxis. Oberes Bild zeigt Nolls Schema, also die sog. Fischaugen, die hier einen Tiefpunkt definieren.

In diesem Fall ist jedoch kein Tiefpunkt vorhanden, ich habe es damals als Struktur so angelegt und es mit einer anderen Steinfarbe untermalt. Hätte also diesen Tiefpunkt, der keiner ist nicht pflastern müssen.

Es soll verdeutlichen, oder zumindest zeigen, dass man aus einer Technischen statischen Ordnung auch etwas Kreatives machen kann. Also auch ein Werkzeug im Künstlerischen Bereich.

Das untere Bild ebenfalls ein Tiefpunkt, aber ein echter Tiefpunkt. Diesmal nicht nach Nolls Schema, sondern ein interpretierter, der eher Bullaugen ähnelt und aus dem Segmentbogenanfang mit den zwei Viertel Kreisen, resultiert. Quasi aus dem Schuppenbogenanfang.

Beide „Tiefpunktwechsel" sind technisch konform. Klar, Nolls Schema selbstverständlich, aber auch dieser, in dem Fall Praxisbogen, ebenfalls. Letzterer leidet nicht an der Statik, im Gegenteil. Vielleicht ist dieser Tiefpunktwechsel sogar der schönere von beiden...

unten links: BV Hofanlage Schwalbach (Landkreis Gießen Hessen) 2007

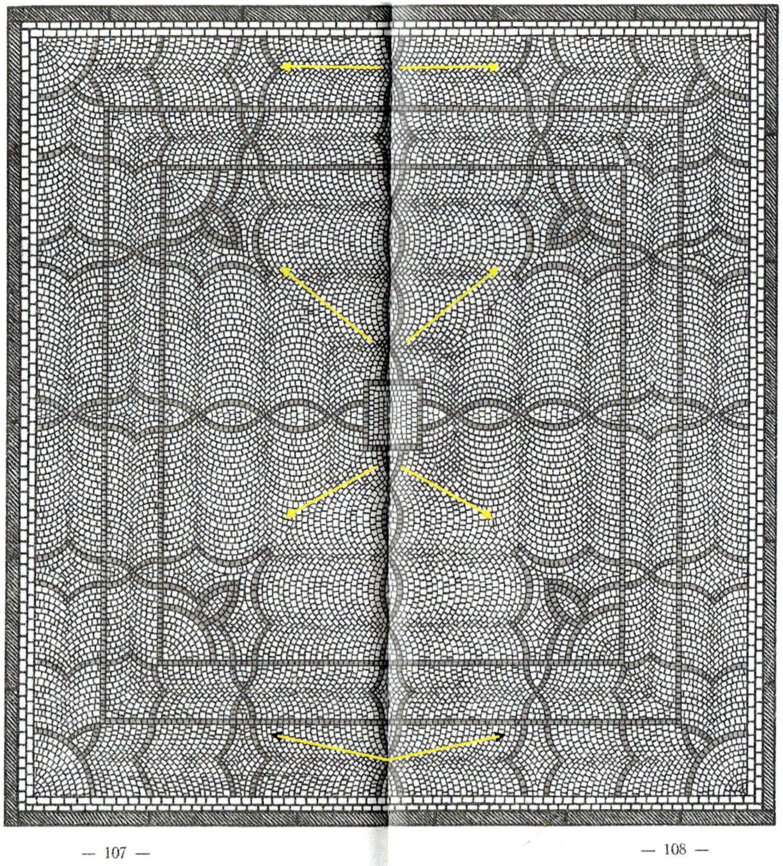

№18

Dazu wieder eine Aufzeichnung von Noll, die ein weiteres mal darauf hinweist, wie Tiefpunkt und dann Hochpunkt zustande kommen, wie sie verschmelzen. Die fett untermalten Bereiche verdeutlichen es.

Die gelben Pfeile die ich ein weiteres Mal als Hilfs Hinweis miteingefügt habe, zeigen wie vom Zentralen Tiefpunkt aus geschnürt, bzw. gepflastert wird.

Hätte man so eine Situation vor sich, könnte man daraus eine richtige Ornamentale Pflasterung machen, die dann einem Teppich sehr ähnelt.

Noll hat die Situationen dargestellt, aufgezeichnet, die sehr verzwickt sein könnten. Trotzdem zeigt er wie zu lösen wäre, wie der Segmentbogen genutzt und benutzt werden kann. Und dabei entsteht auch eine gewisse Ästhetik.

Hinweis: In meinen Augen eher eine fiktive Variante, die eher weniger vorkommt, wenn überhaupt. Aber trotzdem ist es machbar und könnte sogar willkürlich so angelegt werden. Ohne einer diesbezüglichen Gefällesituation.

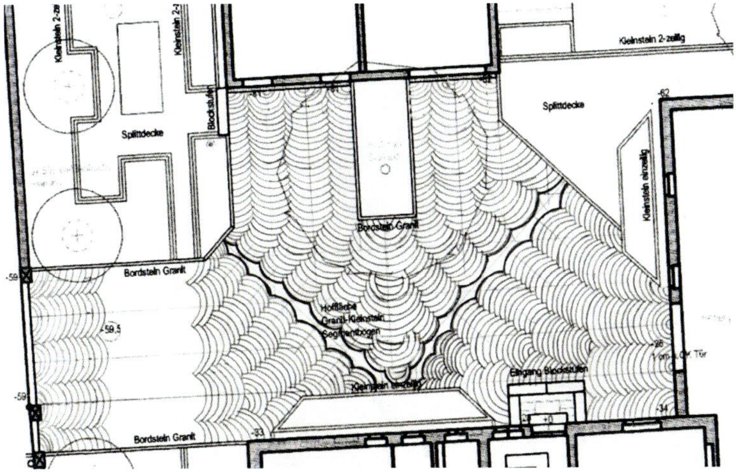

Eine Arbeit von meinem Freund und Kollegen Frank Schnitzler, zeigt wie Er streng nach Noll gearbeitet hat. Dabei hat er die gravierenden Punkte ebenfalls mit einer zweiten Steinfarbe hervorgehoben. Man erkennt eine Harmonie, die aus Hufeisen und Hochpunkten ebenfalls eine Ornamentale Pflasterung ergibt…

Natürlich, das ist gerade bei solchen Projekten wichtig, das ganze in der „Vision“, erst aufs Papier zu bringen. Wie die Zeichnung es zeigt. Dabei kann man genau erkennen und abwägen, was geht, was nicht geht.

Hinweis: Hier wird deutlich wie wichtig Skizzen und Zeichnungen sind.

Ergo: Die oder den Hochpunkt brauche ich nicht weiter großartig hervorheben, bzw. detaillierter zu beschreiben. Ersichtlich ist es, er ergibt sich Automatisch aus dem Tiefpunkt. Quasi wenn sich zwei steigende Segmentbögen treffen.

Ihr Aussehen, das in einem Bild von Rauten geprägt ist, hat immer das gleiche Erscheinungsbild. Bei Noll ist es klar und selbstverständlich, aber auch bei unserer Herangehensweise ist es das gleiche Bild…

Und wieder das ganze in Bildern, zwei Hochpunkte. Wie vorher schon erwähnt, die Hochpunkte stellen sich immer gleich da. Ebenfalls bekommen sie Künstlerischen Touch, wenn man sie untermalt oder hervorhebt.

Wie in diesen beiden Fällen, einmal eingefasst und ein anderes Mal, Komplett mit einer zweiten Steinfarbe ausgepflastert.

Technische Vorgaben als Ornamentale Pflasterung

Bis hierhin haben wir ergänzend zu den „Werkzeugen“ den Tiefpunkt und Hochpunkt kennen gelernt. Als nächstes möchte ich das ganze verschmelzen und die Praxis zeigen, wie man Projekte mit dem Segmentbogen angeht, wie man ihn als Gestaltungselement verwendet. Hierbei werden Standard Situationen und was darüber hinaus geht, sich immer wieder Treffen.

Hier nochmal eine Animation des Hochpunktes. In dem Fall eine Lehrgangsaufgabe.

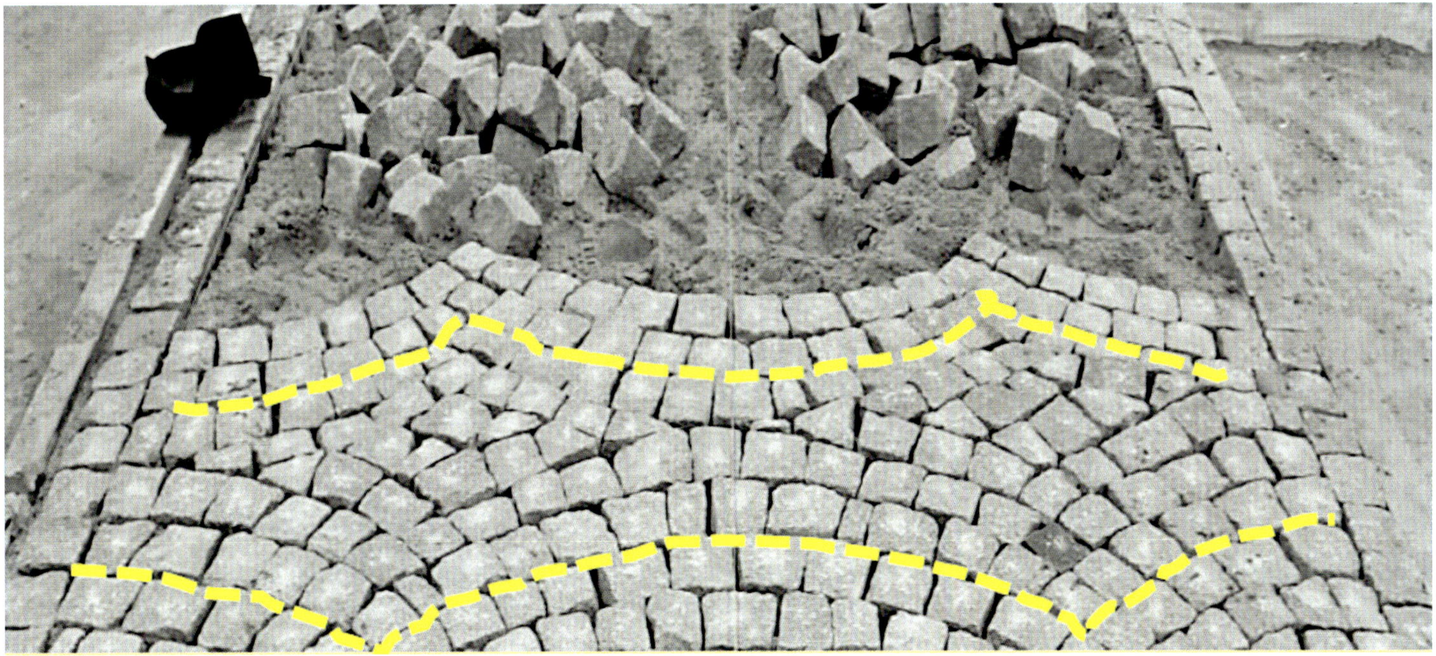

Grundwissen

Nun bevor ich hier Praxis Intentionen zeige, mit dessen Einfachheit und trotzdem ziemlich ausgeklügelt, möchte ich hier einmal paar Zahlen erwähnen, die man im Pflastergewerk, in diesem Fall Segmentbogen, unbedingt benötigt, bzw. gebraucht werden.

Zwar beruht das pflastern mit Natursteinen auf Naturgesetze und dessen Logik, dass man mit Zahlen Mathematisch ebenfalls untermauern kann. Das ist jedoch kein Hexenwerk, denn oftmals genügt schon das 1x1 für viele Berechnungen.

Wenn hier von Feldbreiten, Rosetten, Aufweitungen, Einschnürungen und auch Spangen die rede ist, dann braucht man Zahlen, aber nicht viele.

Für Feldbreiten benötige ich: Flächenbreite dividiert durch Feldbreite/Bogenlänge

Bsp.: Flächenbreite= 4,40m, Feldbreite 1,10m
4,40:1,10= 4 Felder

Das wäre eine Rechnung, die einfach ist und gleichzeitig für dieses Verhältnis, ideal wäre.

Jedoch kommt zu dieser Rechnung noch hinzu, jede Pflasterung bekommt einen Läufer, Fries, Binder als Einrahmung. Das ist Pflicht, denn es fokussiert eine Natursteinpflasterung. **Davon sind alle Verbände betroffen.**

Gehen wir im obigen Rechenbeispiel davon aus, das wir mit einem 8/10 Pflasterformat die Felder ausfüllen wollen, müssen aber den Läufer an den Rändern berücksichtigen, werden wir feststellen das die Felder, bzw. die Rechnung nicht mehr mit dem Maß übereinstimmt.

Wir müssen rechnen: 4,40m Flächenbreite minus Pflichtläufer. Bedeutet links und rechts jeweils ein Läufer vom größten Maß des Pflastersteines, also hier 8/10 =10erMaß.
Ergebnis: Flächenbreite 4,40m -20cm= 4,20m. Dann wird man feststellen, dass wie im Eingangsbeispiel, die Feldbreiten nicht stimmig sind.

4,40-0,20m= 4,20m dividiert durch 1,10m= 3 Felder a 1,10m, Rest Feld 90cm. Ergo, regelmäßige Feldbreiten wären so nicht realisierbar. Wie kann ich es **Stimmig machen?**

Zu der Stimmigkeit gibt es mehrere Möglichkeiten:

- **Ich verwende Doppelläufer, links rechts 0,20m, somit habe ich 1,0m Feldbreiten, ein Maß indem der 8/10 er Format noch sauber zu pflastern wäre.**
- **Es gibt noch die Möglichkeit der 1,40m Feldbreite, dafür muss man abwägen ob es mit der Steinwahl auch wirklich möglich ist.**
- **Aber auch die 90cm funktionieren noch, jedoch wäre es eine nicht ideale Verjüngung und fachlich nicht korrekt. Die Felder sollten gleichmäßig sein, zwecks Bogenlänge.**
- **Ein Zwischenmaß kann die Lösung sein, z. B. 4,20:4**

Pflichtläufer, Fries, Binder…

Wichtig ist es, dass man immer die sog. Standard Feldbreiten im Sinn hat. Dazu kann man sich u.a. an den empfohlenen Breiten von Noll grundsätzlich orientieren. Oder auch die ergänzende Tabelle auf Seite 41, die ich miteingefügt habe.

Hinweis: Ferner ist es wichtig, hat man die Einteilung berechnet, dass man immer

- Läufer/Bänder berücksichtigt-
- Aufweitungen berücksichtigt-
- Einschnürungen berücksichtigt-
- **Sowie die Maße dessen-**

Denn, man wird schnell merken, dass oftmals eine genaue Einteilung nicht aufgeht.

Eine weitere Formel, die benötigt wird, ist der Umfang eines Kreises. Den benötigt man für eine Rosette, um den idealen Punkt zu finden wann Aufweitungen beginnen können/müssen. Ferner benötige ich die Formel um den Kreis/Rosette ebenfalls in Segmente/Ohren einzuteilen.

Die einfachste Einteilung sind 8 Ohren/Anfänge/Hufeisen/Viertelkreise/Segmente.

Beispiel: Besteht die Möglichkeit das das kleinste Maß für den Segmentbogenanfang 0,60m beträgt, bei einer Steingröße von 7/9, so muss ich einen Kreisumfang von 4,80m haben, um es dann in 8 Ohren einzuteilen.

Formel Umfang: U= 2xpi x r oder U= d x pi

Durchmesser 1,6m x 3,14periode= 5,0m:8= 0,63m minimal breite für Bogenanfang.

Das wäre das kleinste Maß, wenn ich es so haben wollte, in dem ich die Segmentbogen Anfänge /Ohren herauspflastern kann.

Den Kreis muss ich dann soweit hinauspflastern das es einen Radius von 0,80m oder einen Durchmesser von 1,60m hat.
Auf den Seiten 38 und 39 kann man es nochmals nachschauen.

Hinweis: Der Pfeil zeigt die sog. „Ohren".
Das ist eine eher ugs. Ausdrucksweise.

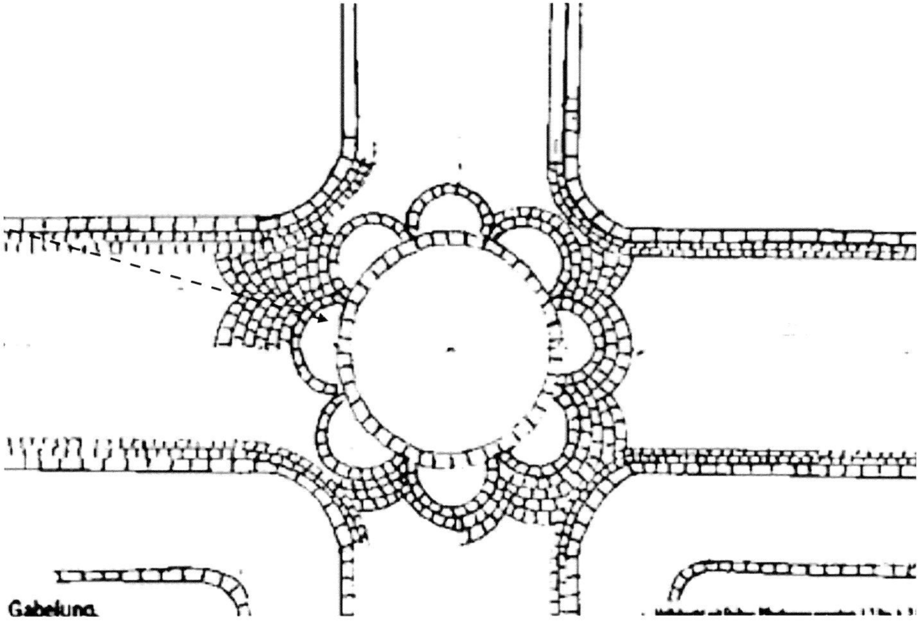

Natürlich kann man das vorherige Rechenbeispiel fast beliebig machen. Um den Kreis, in dem eine Rosette entspringen soll, kleiner zu halten, kann man auch anstatt 8 Ohren, 6 nehmen. Auch 5 Ohren gehen, wie auch 7 Ohren…

Dann würde es etwa so aussehen: Durchmesser 1,2 x 3,14 = 3,77 : 6 = 0,63m für den kleinsten Bereich des Segmentbogen-anfangs, *wenn es meine breite ist.*

Natürlich kann ich auch den kleinsten/engsten Bereich des Anfanges vergrößern, wenn man der Meinung ist, 0,60m wird zu kniffelig, so kann man das ganze auch auf 0,80m einstimmen. Man muss dann halt eben die Zahlen etwas nach oben korrigieren.

Während man sich ausrechnet wie und was will ich erreichen, ist folgendes immer zu beachten, bzw. zu berücksichtigen und im Auge zu behalten. Je nach Situation.

- Aufweitung berücksichtigen-
- Einschnürungen berücksichtigen-
- Proportionen beachten-
- Feldbreiten/Bogenlänge berücksichtigen-

Egal was man berechnet, die Eventualitäten müssen immer im Sinn sein. Jede Position oder wie ich es nenne Werkzeug des Segmentbogens, darf nicht aus dem Auge gelassen werden, denn das zugreifen auf dessen Kriterien, kommt schneller als man denkt.

Hinweis: Die verschiedensten Möglichkeiten gedanklich abzurufen, ist mit eines der schwierigen Bereiche im Segmentbogen. Es resultiert aus dessen Vielseitigkeit und der Prioritäten. Aber ein Muss!

Die direkten Mathematischen Zahlen im Segmentbogen, sind nicht viele, sind übersichtlich. Jedoch sind die notwendigen Berechnungen wichtig und immer parat zu halten. Denn in der Praxis, quasi wenn man Projekte diesbezüglich plant und ausführt, sind die technischen Zahlen, „Berechnungen" wichtig.

Die wiederum aber auch nur richtig angewendet werden können, wenn man die Werkzeuge des Segmentbogens mit dessen wenigen Formeln verinnerlicht hat.

Um das ganze transparenter zu machen, um die Gedanken, Denkweise zu zeigen wie das Ganze zu verstehen ist, erkläre ich später an Hand eines Projektes.

Hinweis: Immer die Konzentration hochhalten. Das ist bei Segmentbogen Pflasterungen und Gestaltungen, eine sehr wichtige und wertvolle Eigenschaft sowie eine fachliche Notwendigkeit.

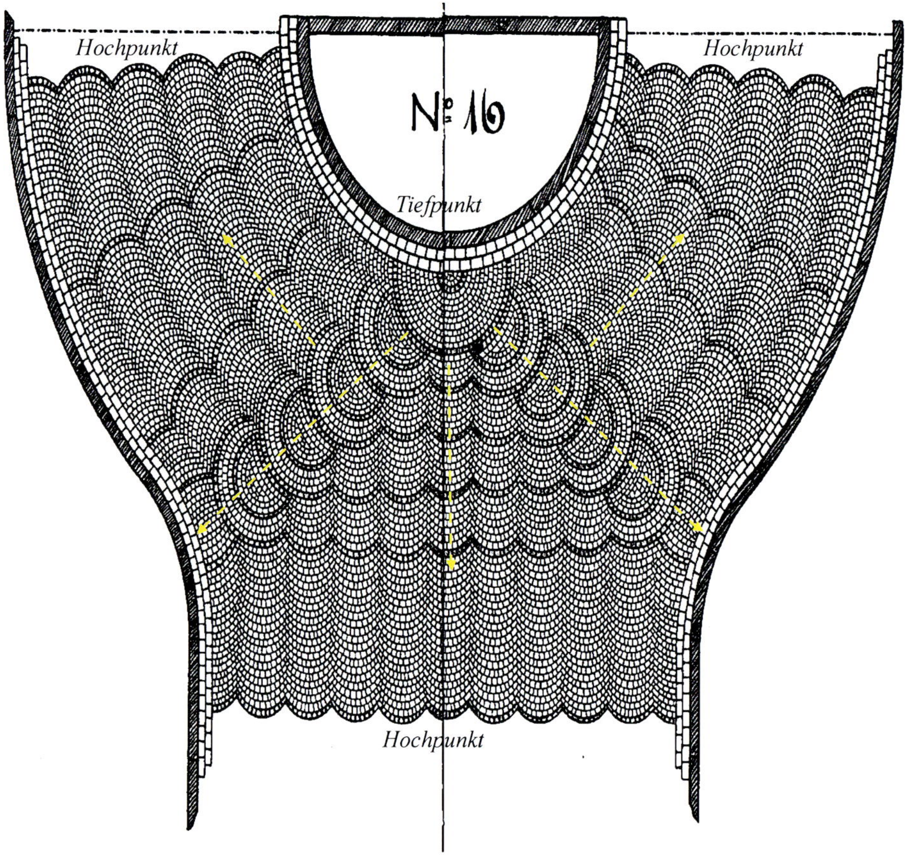

An dieser Stelle habe ich Aufzeichnung Nr. 16 von Noll die auf Seite 20 schonmal abgebildet ist nochmals eingefügt, um zu versuchen wie und auf was Noll hat achten müssen.

Dazu habe ich die vier wichtigsten Stationen auf der Skizze beschrieben.

Nun war es für Noll wichtig vom Tiefpunkt aus zu den jeweiligen Hochpunkten zu agieren. Dazu benötigte er

- Den Halbkreis-
- Die Aufweitungen (hier Hufeisen) -
- Die Feldbreiten/Bogenlänge-

Er musste wissen wie weit er den Halbkreis hinaus pflastern muss, um die ersten Hufeisen zu setzen, die gleichzeitig auch Aufweitungen sind und ferner der beginn der Bögen. Ebenfalls konnte er mit den Hufeisen die Richtungswechsel anordnen.

Er benötige eigentlich nur zwei Zahlen, die des Halbkreises und die seiner Feldbreiten. Letzteres, um zu tangieren welchen Spielraum er nutzen kann, bzw. muss.

Die Schwierigkeit in dieser Pflasterung sind nicht die von mir genannten Kriterien, sondern das pflastern in den Kurven.

Übrigens: Auch ich würde in so einem Falle Nolls Lösung bevorzugen!

Hinweis: Die Pflasterung zu den Hochpunkten hat höchste Priorität. (Vom Tiefpunkt zum Hochpunkt)

Möglichkeit

Einfach oder Komplex?

Wie eingangs des Buches schon erklärt, ist der Segmentbogen eigentlich nicht so schwierig wie sein Anschein es wohl oftmals vermitteln mag. Wenn man die Dinge, die ich bis hierhin dargestellt habe beherzigt, es verinnerlicht, kann man Lösungsansätze wie Noll sie beschreibt, lösen und seinen eigenen Weg finden.

Doch sieht es heute in der Praxis nicht mehr so aus wie zu Nolls Zeiten. Heute spielt sich das pflastern mit Natursteinen hauptsächlich im Privatbereich ab. Spaltpflaster/Geschlagenes Pflaster im Verkehr orientierten Straßenbereich wird heute nicht mehr verwendet.

Daher sind heutige Lösungsansätze oftmals sehr „einfach“, da z.b Höfe, Einfahrten, Fußwege, Terrassen, nicht so konzipiert sind wie Straßenkreuzungen.

Und für diese Gegebenheiten gibt es meist einfache Segmentbogen Lösungen.

Das würde bedeuten, heute benötige ich diese Vielfalt nicht mehr so ausschweifend wie hier gezeigt. *Zumindest ist das eine sehr verbreitete Meinung und (Irrglaube) zugleich!*

Wie auf den Bildern zu sehen: Beispiel einer Einfahrt, in dem nur vom Tiefpunkt zum Hochpunkt in gleichmäßigen Feldern gepflastert wurde. Nichts Spektakuläres. Dazu benötigt es nicht viel. Und trotzdem muss man es können und die Grundlagen wie Feldbreiten/Bogenlänge und Stichhöhe benötigt man in solchen Fällen immer noch. Eine einfache Sache, wenn man den Segmentbogen pflastern kann und die genannten Grundlagen beherzigt.

Hinweis: Mit solch eher einfach konzipierten Segmentbogenpflasterungen/Flächen, sollte man als „Anfänger" beginnen um sich dem Segmentbogen zu nähern, ihn verinnerlichen, um ihn in seiner Ausführung zu perfektionieren…

Ein anderes Beispiel zeigt, es geht anders. Wenn man den Segmentbogen und seine Werkzeuge auch bei anscheinend einfachen Gegebenheiten nutzt, entstehen Flächen, die immer ein Konzept, eine Idee, einen Willen zeigen und immer(sowieso) Unikate sind. Man könnte auch sagen, das ist der Reiz und die Kunst des Pflasterers/Steinsetzer.

Eckdaten zum Fall Weingut/Hofreite:

- Erstmalig gepflastert ca. 1918-20-
- Kleine Reparaturen zwischendurch-
- Komplette Kanal Erneuerung 2018
- Wiederherstellung/Erneuerung des Belages 2018

Die Hoffläche war 75% mit Kleinpflaster 8/10 Grauwacke, teils Basalt verlegt und ca:25% Großpflaster 16/18 Grauwacke. Ich, bzw. Steinkunst Sikorski, hat bei der Erneuerung nicht die alte Verlege Struktur verwendet, sondern wir haben das ganze mehr aufgepeppt. Dazu haben wir das Segmentbogen Portfolio voll ausgenutzt. *Die Bilder zeigen den damaligen Ist Stand.*

Unser Konzept sah folgenden Maßen aus:
Das Großpflaster haben wir, was sicherlich ungewöhnlich ist, an den Rändern wieder verarbeitet. Es soll quasi „Fußwege“ andeuten, bzw. die Abgrenzung zwischen Klein und Großpflaster verdeutlichen.

In der Hauptfläche dann, haben wir eine Rosette integriert, die natürlich nie vorhanden war. Diese soll den Mittelpunkt des Hofes signalisieren, bzw. die Zentrale des Hofes darstellen.
Den restlichen Teil haben wir dann in einfachen Segmentbögen ausgepflastert.

Das damalige Hof Bild mit dem Pflaster wahr einfach und unspektakulär gepflastert. Großpflaster und Kleinpflaster. Es wurde nur einigermaßen auf die Statik geachtet. Wobei die damalige Segmentbogen Pflasterung nicht vom Tiefpunkt zum Hochpunkt gepflastert wurde, sondern entgegengesetzt. Das war schon vor knapp hundert Jahren verkehrt. Trotzdem war es nicht so gravierend und als *Ausnahme möglich,* da die Hofanlage auf der Hauptlänge nur knapp 0,8% Längsgefälle hat.

Wir jedoch, haben es bei der Wiederherstellung in eine richtige Anordnung versetzt. Also vom Tiefpunkt zum Hochpunkt. (Der Priorität entsprechend)

Weiteres Merkmal, das wir ergänzt haben: Eine Muldenrinne.
Des Weiteren was den Hof heute zu gestern Unterscheidet. Damals hatte er nur einen Wasserläufer, worauf wir eine 3 Zeilige Rinne konzipierten, damit der Hof heute einen definierten Wasserablauf hat. Siehe Bilder rechts.

Ergo: Wir haben den alten Hof aufgepeppt. Mit Rosette und Richtungswechsel. Dabei haben wir auch Einschnürungen nutzen müssen, die damals auch nicht vorhanden waren. Ebenso *Spangen*, die mussten wir auch verwenden, da auch sie nicht vorhanden waren. **Schwierigkeitsskala von 10: 7.**

Spangen

Nun war ja auf Seite 78 die Rede von Spangen. Was oder wofür sind Spangen, welchen Zweck dienen sie, was ist dessen Bedeutung?

Spangen selbst haben eigentlich keine so große Bedeutung. Lediglich wird eine Pflasterung um einen geschlossenen Kreis/Rosette Spangen genannt, da dessen Erscheinungsbild derselbigen ist.

Die äußere Umpflasterung eines Kreises/Rosette wird in Bogenform bis zum, wenn es der Zwischenraum ermöglicht, Segmentbogen gepflastert.
Siehe blaue Pfeile.

Hinweis: Durch Spangen, wird ein geschlossener Kreis/Rosette aufgewertet. Auch hier immer an minimale und maximale Bogenbreite denken.

Zusammengefügt

Wenn man jetzt das ganze zusammenfügt, sollte erkennbar sein das der alleinige Segmentbogen schon, recht komplex ist. Er ist zwar nicht der einzige Pflasterverband im Naturpflasterbereich aber aus Nolls Sicht sowie ebenfalls aus meiner und Frank Schnitzlers Sicht, der vielseitigste und Statisch das Non plus Ultra.

Wie schon in den vorherigen Seiten gezeigt und auch betont, der Segmentbogen stammt aus einer Statischen Funktion, also aus dem Brückenbau/Viadukte. Es sind auch die gleichen Kriterien wie beim Brückenbau, also auch statisch definiert.

Jedoch kann man, eigentlich sollte man sogar kreativ denken, den Segmentbogen zumindest in zweierlei Funktion nutzen. Seiner Bestimmung nach, aber auch *gestalterisch!* „Denn dann nimmt er erst richtig Fahrt auf"

Man kann den Segmentbogen in seiner Einfachheit Präsentieren, jedoch auch in seiner Ausgeklügeltheit. Letzteres sogar auch mit verschiedenen Pflasterfarben und dann bewegt man sich schon Richtung Ornamentik.

Möchte an dieser Stelle nochmals die Rosette erwähnen, die nicht wie bei Nolls Aufzeichnungen, eigentlich keine oder zumindest geringe Rolle spielt, da er andere Lösungen bevorzugt, spielt die Rosette in meiner und Frank Schnitzlers Aufzeichnung schon eine große Rolle. Denn diese ist eine *Allroundlösung*, stammt eher auch aus der Praxis als aus dem Theoretischen Bereich und ist daher relativ schnell zu bewerkstelligen. Zwar kann sie nicht in allen Höhenverhältnisse eingesetzt werden, aber schon in sehr vielen Fällen.

Dazu ein Beispiel das ich in einem Weiterbildungs-Lehrgang als Aufgabe stellte. Es stellt eine Straßenkreuzung da, in dem die Mitte der Kreuzung der Tiefpunkt ist.

5 tägiger Lehrgang/Seminar:
Die Skizze zeigt die damalige Aufgabe, Straßenkreuzung mit Gabelung. 2013 in BZ Mellendorf/Hannover.

Nächste Seite die Schritte und dann das Ergebnis.

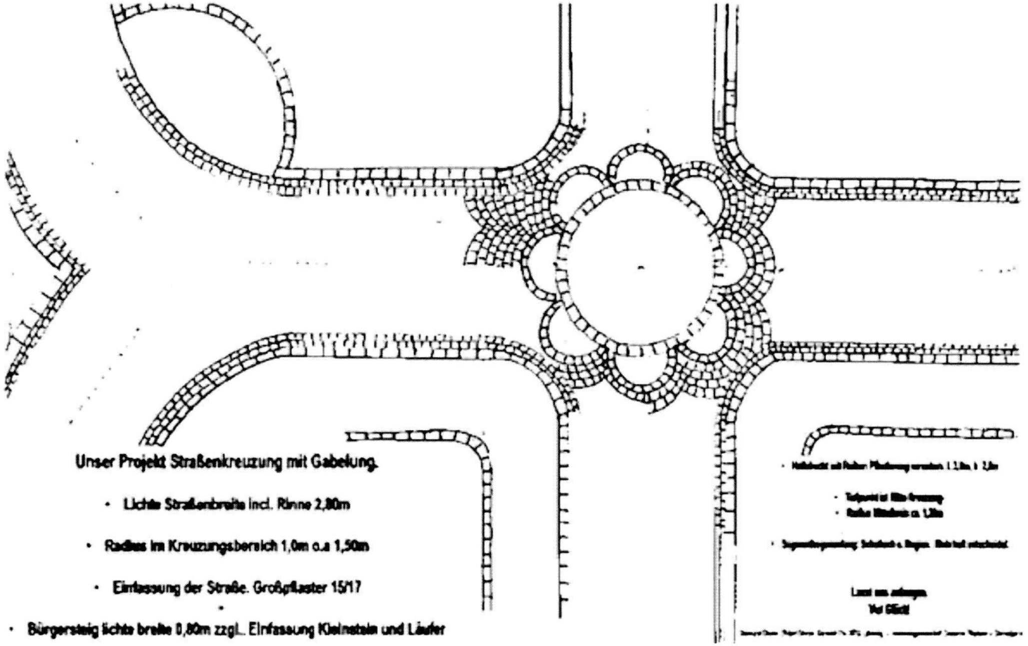

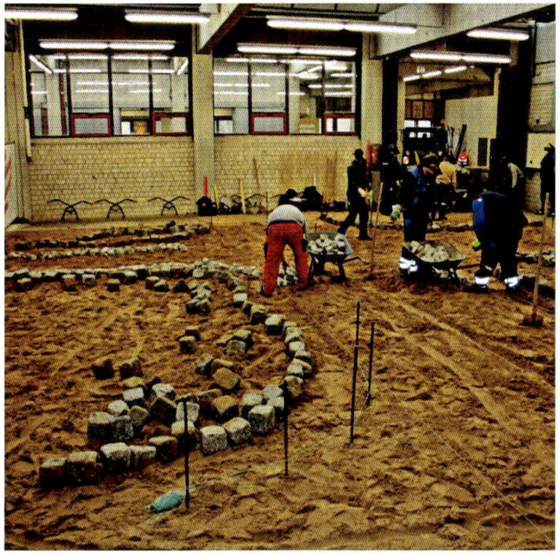

Bau-
Ausbildung
ist Zukunft

Bau-
Ausbildung
ist Zukunft

Und hier das Ergebnis des Lehrganges/Seminar. Die Teilnehmer waren selbst mehr als erstaunt was alles geht. Zwar war das ein *Schulungsprojekt*, aber die damaligen Teilnehmer haben es gesehen,selbst abgesteckt, gepflastert, verfugt/eingeschlämmt und ab gerüttelt. Und Sie haben verstanden...

Nun zeigten die zwei vorherigen Seiten eine Schulische Aufgabe für Straßenbauer/Pflasterer. Diese war zwar zweck gebunden angelehnt, also dem Straßenbau/Pflasterbau zugeordnet, aber schon diese Zusammenstellung machte es deutlich, wie kreativ in der Ausführung Pflasterer/Steinsetzer sein müssen.

Erst wenn so ein Ergebnis rauskommt wie in diesem Beispiel, verstehen viele *wie schwer und doch so einfach.*

Übrigens: Zur Vervollständigung. Die Blüte war eigentlich nicht geplant, dort sollte symbolisch ein Sinkkasten eingelassen werden. Da aber einige Jungs meinten, das Konzept ist eindeutig, dann könnten wir doch auch etwas Verspieltes mit integrieren… So what, also ließ ich Sie walten!

Allgemeines

Zwar habe ich schon in meinen anderen Fachbüchern dies notiert, möchte es aber in diesem Buch nochmals erwähnen, aber diesmal auch aus der Fachkompetenz von F.W. Noll.

Es gibt da so Kriterien, die heute oftmals hinterfragt und dazu auch noch belächelt werden, welcher Sinn hinter diesen Kriterien steckt. Dieses Verhalten kommt aus dem *Geiste des Halbwissens,* das was ich im Eingang des Buches schon erwähnte.

- Läufer/Bänderung/Binder/Fries
- Gebundene Bauweise
- Bettungsmaterial

Auf den ersten Blick eigentlich nicht so gravierende Kriterien, meint man, doch sind es 3 Punkte, die es in sich haben und sehr wichtig sind. Zwar nicht nur für den Segmentbogen, sondern für alle Verbände. Kriterien, Punkte die nochmals intensiver erklärt werden müssen.

Den Anfang macht F.W. Noll mit der gebundenen Bauweise…

Gegenwärtig wird diese Betonpflasterung, das verkleben von Naturpflaster, sehr bevorzugt. Obwohl sich nichts geändert hat.

In angefeuchteten Beton sollte Kleinpflaster nie verlegt werden, weil es in diesem Falle viel zu hart und abstoßend, dadurch aber auch viel geräuschvoller wird. Weiter machen sich in solchem Pflaster auch die Witterungseinflüsse zu auffällig bemerkbar durch die entstehenden Temperaturfugen (Risse). In steilen Straßen wird solches Pflaster unhaltbar, weil die Fugen eben so hart sind wie die Kleinsteine und daher die Zugtiere schon nach kurzer Zeit des Verkehrs keine genügende Griffgelegenheit mehr haben.

Wie vor hundert Jahren, so sind es auch heute die gleichen Probleme, die ständig und kurzfristig auftreten. Ganze Flächen sind nach kürzester Zeit Totalschaden, das zu extremen Kosten und Ressourcenverschwendung führt.

Nach hundert Jahren nichts gelernt!

In meinem Buch „Ökologie im Pflasterbau?“ von 2018 ist der Wahnsinn und Unsinn der Beton Bauweise genau beschrieben.

»Die freundlichen Gesichter der Anwohner, welche beim Fenster öffnen den wohltuenden Anblick eines schönen Pflasters genießen, geben ohne Befragen Auskunft über den Eindruck und bekunden ihren Dank durch ein befriedigtes Lächeln.«

F. W. Noll

Läufer/Bänderung/Binder/Fries:

Um jede Pflasterung hat eigentlich ein Läufer zu sitzen. Im Prinzip ist es sogar Pflicht, bis auf ganz wenige Ausnahmen. (Der sog. Pflichtläufer)

Eine Läuferreihe rahmt die Pflasterung ein und betont sie. Z.B Anschlüsse zu Läuferreihen, Segmentbogen Anfang/Ende, Einbauten, bekommen dadurch mehr Ästhetik und fallen weniger auf, da diese meist Stellen sind wo das Auge hingelenkt wird. Der Läufer durch eine saubere angeordnete Linie kaschiert das Ganze und ordnet Flächen oder Wege an. Dadurch wird ein Rahmen erzeugt. (Wie der Rahmen eines Bildes)

Die Pfeile auf den Bildern zeigen den sog. Pflichtläufer.

Neben der Umrandung der Pflasterfläche mit Läufern, sind auch sämtliche Teile/Einbauten mit einem Läufer einzurahmen. Da dort auch immer zuschlagende Anschlüsse Anfang/Ende entstehen.

Weitere Merkmale Läufer:

Der Pflichtläufer ist das eine, darüber hinaus kann man natürlich auch mit mehreren Läufern arbeiten. Zum einen um

- Die Feldbreiten gleichmäßig einzuteilen
- Struktur hervorzuheben. (Ornamentik, Verzierungen)
- Als Gestaltungselemente nutzen

Dabei sollten es aber nicht zu viele Läufer sein. Aus meiner Erfahrung würde ich es Empfehlen maximal 3 zeilige Läufer zu nutzen. Zwar würden auch noch fünf machbar sein, das jedoch wäre zu plump und ergibt meistens keine Ästhetik, bzw. würde den Rahmen sinngemäß, auflösen.

Beispiel Pflichtläufer und Strukturbestimmung

Das Bild verdeutlicht meine Erklärung. Wir sehen auf dem Bild 3 Zeilige Läufer. Der etwas größere Stein ist die Einfassung/Wiederlager, durch diese Anordnung symbolisiert er nur den 3 Zeiler/Läufer, in Wahrheit sind es nur Doppel Läufer. Der graue Stein ist der Pflichtläufer, der dem Ganzen eine Struktur und Kontrast verschafft und der nächste Läufer ist das Gestaltungselement, das dafür sorgt das der graue Stein mittig anzusehen ist und es optisch wie 3zeilig aussieht.

Das Ganze kann man auch andersherum machen. Erst den braunen als Pflichtläufer und dann den grauen. Dabei hat man halt eben zwei braune nebeneinander und den grauen einzeln. Gestalterisch wäre das auch eine schöne Variante, denn dadurch würde sich die Segmentbogenpflasterung vertiefen, optisch…

Beispiele, die zeigen wie Läufer als solches unterschätzt werden. Ich selbst belasse es bei diesem Beispiel, denn es gibt unzählige Varianten, die dann der Pflasterkunst zu Zuordnen ist und da ist der Segmentbogen auch nur ein Teil…

Der Segmentbogen und die Kurven:

Eigentlich, oder aus meiner Sichtweise der Bereich wo sich die Spreu vom Weizen trennt. Die Situation die mit zu dem schwierigsten Teil gehört.

Die Schwierigkeit ist, die Mitte einzuhalten. Denn die Mitte bzw. das Herz muss in der Pflasterfeldbreite ebenfalls mittig sein, so dass der Segmentbogen zu rechts, links, einigermaßen gleichmäßig erscheint. Das ist natürlich in einer Kurve schwer einzuhalten, geht aber trotzdem. Die kleine Skizze unten zeigt, der Bogen, bzw. das Herz muss einigermaßen mittig sein. **Ähnlich wie bei Stricken kann man es sich vorstellen. 2mal rechts, 1mal links, 2mal links, 1mal rechts. Wenn die Schenkel ziemlich rechtwinklig gegenüber liegen, ist man richtig.**

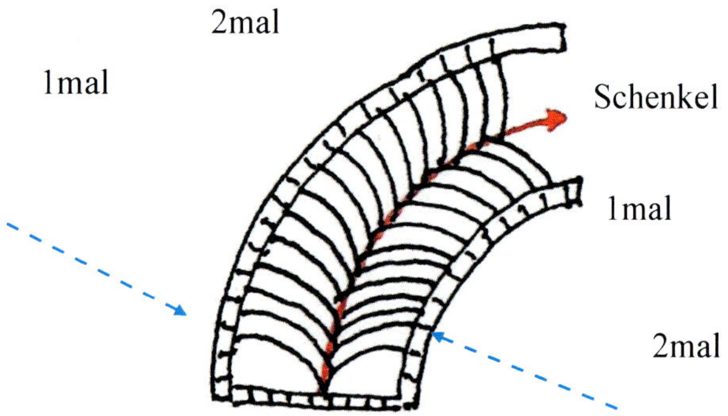

Kurven Pflasterungen in Segmentbögen sind schwieriger als gerade Felder. Da man immer darauf achten muss das der Wechsel links, rechts stimmig bleibt, so dass die Schenkel nicht zu kurz und nicht zu lang erscheinen. D.h in der Anfangsphase ist ein gleichmäßiges kontrollieren wichtig, da man sich in der Euphorie schnell verzetteln kann und dann sieht so eine Kurve im Segmentbogen schrecklich und katastrophal aus.

In Maße würde das dann so aussehen. Feldbreite 80cm, Steinformat 4/6:

Schenkel rechts ca.44cm- Schenkel links ca.38cm- Das wäre ziemlich Optimal-

Schenkel rechts ca.50cm- Schenkel links ca.32cm- Das wäre absolut verkehrt-

Das Bild rechts verdeutlicht nochmals die Intention der Kurvenpflasterung.

Tipp: Das ganze mal selbst Skizzieren dann sollte man es verstehen und auch hinbekommen. Man wird selbst erkennen, wie eine Kurve gepflastert werden muss.

Bevor ich nun ein paar Beispiele zeige was ist richtig was ist falsch, möchte ich an dieser Stelle nochmal zu **Erinnerung bringen**, die Prioritäten des Segmentbogens explizit zu verinnerlichen. Wie wichtig das ist, wird man merken, wenn man den Segmentbogen professionell pflastern will, wenn man agieren muss.

-Die Technische Idee des Segmentbogens ist klar. Brücke, Viadukte sind die Vorbilder- (Wichtige Erkenntnis, die man wissen muss) Dann versteht man auch die Intension des Segmentbogens

-Die Ausarbeitung des Segmentbogens ist ebenso klar. Nollsche Anfang auch Schulischer Anfang genannt, oder Praxisanfang, sprich Halbkreisanfang/hiesig auch Westerwaldbogen genannt. Wenn man beide kann, ist das nur von Vorteil.

-Das Werkzeug oder auch die handwerklichen Raffinessen, sollten verinnerlicht werden. (Aufweitungen, Richtungswechsel, Einschnürungen, Spangen usw.) Man muss sie abrufen können, wichtig!

-Die Regeln des versetzen.

-Die Verbandsregeln im Verband

Pflastern und gerade der Segmentbogen, kann nicht so eben mal mir nichts dir nichts abgehandelt werden. Dazu gehört, wie bis hierhin beschrieben, viel mehr. Wenn man sich mit Ihm richtig befasst, sind viele, sehr viele Gestaltungen und Pflasterungen möglich. Mal eben so, ist nichtssagend und oft Bestandslos...

Hinweis: Obwohl sich die richtige, bzw. normale Natursteinpflasterung wieder in den Pflasterbau integriert hat, ist es trotzdem heute, für sehr viele schwierig es täglich, bzw. regelmäßig auszuüben.

Tipp: Wer sich vertiefen will, wer die Pflasterkunst abrufen will und nicht verlieren will, der sollte für sich selbst üben. Kleinen Sandkasten bauen und los geht es. Denn wenn man nicht regelmäßig pflastert, nutz auch eine Vertiefung nicht viel…

Ein Buch mit Negativbeispielen zu füllen, wäre kein Problem. Im Steinsetzer oder auch Pflasterer Gewerk gibt es ein Haufen von Halbwissende, die sich in diesem Gewerk herumtummeln und Pflasterungen abliefern, die Stellenweise über einen *sog. Pfusch hinausgehen.*

Das sind harte Zeilen, aber es ist Fakt. Insbesondere ist der Segmentbogen das Opfer, denn er wird sehr gerne vermarktet obwohl die Vielzahl jener die ihn vermarkten noch nicht einmal die Grundlagen für diese Handwerkskunst besitzen.

»Der alleinige Anschein einer Bogenpflasterung, genügt, um es Segmentbogen zu nennen. Das ist die Maxime, die heute Standard ist. So wird es verkauft und so wird es angenommen. Bis ein richtiger Steinsetzer kommt. Erst dann fällt der Vorhang der Schande.«

Hinweis: Diese Hofanlage haben wir 2011 komplett erneuert. Bis dahin lag dieser „Schandfleck" schon 3 Jahre so, wie oben Bild 1 und unten Bild 3 zeigen.

Falsch

Richtig

Falsch

Richtig

Bettungsmaterial:

Ein Thema das erwähnt werden muss. Bettungsmaterial nennt sich Material, in dem die Steine versetzt werden. Es muss ein gewaschener Sand sein mit sehr geringen Lehmanteil. Die Körnungsgröße des Sandes sollte von Mosaik bis Kleinsteinpflaster zwischen 0/2 mm und 0/4 mm sein.

Wie alle Komponenten im Naturpflasterbereich, wie alle Werkzeuge im Segmentbogenbereich, ist auch der Sand ein Teil, der dazu gehört. Denn nur Er ermöglicht ein richtiges versetzen von Naturpflaster. Schließt den Kreislauf dieser Handwerkskunst und garantiert eine Grundfeste schon im Arbeitsvorgang.

Eine Grundfeste die Materialien wie Splitte und Brechsande nicht gewähren. Hinzu kommt noch das Splitte und Brechsande Bettungsmaterialien sind, die kein richtiges versetzen ermöglichen. Sie sind eher für Verlegearbeiten geeignet.

Diese Materialien, wenn sie verwendet werden, unterbrechen das System, den Kreislauf des Natursteinpflastern. Somit kann die Qualität des Pflasterns nicht erreicht werden. (Niemals)

Gewaschene Sande dagegen besitzen genau die Eigenschaften, die eine richtige Pflasterung mit Naturpflaster benötigt. Alle anderen Materialien sind wie ein Fremdkörper und Schaden der Natursteinpflasterung schon von Beginn an…

Hinweis: Einfach mal testen. In welchem Material lässt sich der Stein ohne großen Kraftaufwand hineintreiben? In welchem Material sitzt der *Stein bis zu 2/3 in der Bettung* und in welchem Material liegt er.

Neben der Billigkeit und dem wirtschaftlichen Vorteil, den Kleinpflaster im allgemeinen bietet, hat der Straßenbaubeamte auch der Schönheit der Straße Rechnung zu tragen, und zwar erst recht dann, wenn sie mit wenig oder gar keinen Mehrkosten erreicht werden kann.

Durch nachfolgende Skizzen möchte ich Anhaltspunkte dafür liefern, wie man mit dem billigen Kleinpflaster ein durchaus gefälliges und vornehmes Bild in der Draufsicht erzielen kann, ohne daß die Haltbarkeit des Pflasters darunter Einbuße erleidet.

Die freundlichen Gesichter der Anwohner, welche beim Fensteröffnen den wohltuenden Anblick eines schönen Pflasters genießen, geben ohne Befragen Auskunft über den Eindruck und bekunden ihren Dank durch ein befriedigtes Lächeln.

Dem ausführenden Pflasterermeister aber werden die nachfolgenden Bogenanordnungen manchmal aus der Verlegenheit helfen können; er wird finden, wie man schwierigen Hau- und Steinkruzereien glatt aus dem Wege kommt und dabei sehr einfach aus einer Straßenrichtung in

die andere mit seinen Kleinpflasterbögen einschwenken kann.

Obgleich die Einteilung der Plätze und die Festlegung der Bögen am Anfang etwas mehr Zeit und Mühe in Anspruch nimmt als die frühere Ausführungsart, so wird es bei einigermaßen gutem Willen doch bald recht gut damit vorwärts gehen, so daß der Unterschied in der Tagesleistung für die Pflasterer nicht allzu erheblich sein wird; natürlich wird es auch hier heißen, sich erst daran gewöhnen.

Es ist nicht möglich, jede vorkommende Situation hier zu behandeln. Vieles wird daher auch nach dem Lesen dieses Büchleins und trotz der Durchsicht der beigegebenen Zeichnungen noch jedem selbst zu lösen bleiben, der bei Herstellung von Kleinpflasterungen beteiligt ist.

Vielleicht darf ich mich aber doch der Hoffnung hingeben, daß auf Grund der folgenden Anhaltspunkte auch für andersgeformte Plätze und Kreuzungen zweckmäßige Einteilung der Flächen sowie praktische Anordnung des Kleinpflasters leichter gefunden werden können.

München 1911.

Friedrich Wilhelm Noll,
Pflasterermeister.

Friedrich Wilhelm Noll hatte 1911 das Handbuch „Zur Vervollkommnung des Kleinpflasters“ geschrieben und illustriert. Er hat den Segmentbogen mit dessen Raffinessen und Möglichkeiten im Detail beschrieben. Hat Lösungsansätze demonstriert, die zeigen, dass das Gewerk des Steinsetzers keine profane Abhandlung, sondern eine hochentwickelte Technische Handwerkskunst ist. Er hat mit seinen Erkenntnissen einen Meilenstein gesetzt, der selbst heute noch die Innovation ist, die nicht neu erfunden werden kann.

Im Naturpflasterbereich gibt es zahlreiche Verbände. Davon sind einige historisch eindeutig und andere Regionsbezogen und interpretiert. Der Segmentbogen jedoch ist einheitlich und hat allgemeine Regeln, die jeder einzuhalten hat.

Meine Interpretation, die ich hier u.a mit beschrieben habe, ist kaum abweichend von Nolls Philosophie. Denn die Statischen Regeln werden grundsätzlich nach Noll eingehalten. Somit gibt es nach meiner Praxis Erfahrung nur eine geringe Abweichung, die sich eigentlich nur auf den Segmentbogenanfang und Richtungswechsel konzentriert…

Hinweis: Ebenso wie Noll so bin auch ich der Meinung, dass jeder Steinsetzer oder der es werden will, seinen Weg suchen muss um sein eigenes Handeln je nach Segmentbogenpflasterung, selbst zu hinterfragen ob er ihn auch fließend angeordnet hat. Die Anregungen in diesem Buch und in Nolls Buch, sind sehr hilfreich, um es zu kontrollieren und um „eine Perfektion im Segmentbogen“ zu erreichen…

Der Plan

Wie geht man eine Segmentbogenpflasterung an? Was ist Routine und was unterliegt keiner Routine?

Pflasterungen von einfachen geraden Wegen, Höfen und vielleicht Straßen sind meist einfach zu lösende Aufgaben. Und wenn sie schon definiert sind durch Planer und Architekten, meist Routine Aufgaben. Jedoch wenn der Anschein erweckt das nicht alltägliche Werkzeuge/Instrumente des Segmentbogens benötigt werden, dann ist das meist keine Routine Aufgabe und es kann kompliziert werden.

Daher ist es für jeden Steinsetzer wichtig, gerade wenn er sehr viel mit dem Segmentbogen arbeitet, dass Er selbst plant. Ja, er muss die Fähigkeit eines Architekten haben umso jedwede Lösung zu konstruieren. Warum?

- Um die richtige Segmentbogen Anordnung zu definieren-
- Um unvorhergesehene Dinge auszuschließen-
- Um Komplikationen zu vermeiden-

Denn nur der Steinsetzer, der den Variantenreichtum des Segmentbogens kennt und es anwenden kann, hat generell die Lösung für Pflasterungen bezüglich Segmentbogen, die nicht einer Routine unterliegen.

Hinweis: Gerade in der heutigen Zeit ist es mehr als wichtig das Steinsetzer nicht nur das ausführende Organ sind, sondern, wenn er sich vertieft, auch wieder das planerische Organ ist. Das was früher noch standardmäßig dem Steinsetzer zugeordnet war.

Beispiel: Wenn man sich an den Lektionen von Noll hält, sowie meine und Frank Schnitzlers Notizen, Erfahrungen und Aufzeichnungen diesbezüglich, eignet man sich ein Wissen an, das heutige Architekten und Planer nicht kennen und auch in Ihrem Studium nicht lernen!

Gerade diese Bilder verdeutlicht, was auf einem zukommen kann. Auf der einen Seite einfache Bahnen pflastern und dann einen Tiefpunkt konstruieren. Ihn passend zum Höhenverlauf platzieren.

Tipp: Um die Planung/Gestaltung einer Segmentbogenpflasterung richtig, aussagend, technisch und künstlerisch ansprechend zu präsentieren, ist es von Vorteil sich folgende Hilfsmittel zu notieren.

Beispiel: Meine Vorgehensweise ist folgenden Maßen,

- Grundsätzlich Foto Aufnahmen machen-
- Grundsätzlich Gefälle Situationen kontrollieren-
- Unübersichtliche Flächen skizzieren-
- Routine und nicht Routine eruieren bzw. unterscheiden-
- Nicht routinierte Möglichkeiten skizzieren-

D.h. im Prinzip gibt es keine Routine und daher arbeite, als Beispiel meine Wenigkeit, generell so. Und somit bin ich nach über 40 Jahren am sichersten zu meinem Ziel gekommen. Aus jeder Gestaltung und Pflasterung, die ich in den letzten 25 Jahren als Selbstständiger erstellte und plante, lernte ich immer wieder etwas besser zu machen, bzw. unkonventionelle Ideen in die Praxis, um zu setzen. Mein Leitfaden, war F.W. Noll…

Wenn man sich selbst beim Pflastern, insbesondere im Segmentbogenbereich, einer Disziplin unterordnet, wenn man die Besonderheiten des Segmentbogens richtig und angemessen anwenden kann, dann, erst dann kann man sich in der heutigen Zeit Steinsetzer/Pflasterer nennen…

Hinweis: Man sollte ein gutes Vorstellungsvermögen haben, damit wird einiges noch einfacher…

Dazu ein Projekt von der Aufnahme des BV bis zur Idee mit anschließender Ausführung und Abschluss. Ein Projekt im Herbst 2017. (Waldernbach Westerwald Hessen)

Aufnahme des Projektes: Die Erwartung des Kunden, eine Neu-Gestaltung mit Naturpflaster Basalt sowie das Ganze im Segmentbogenformat angeordnet…

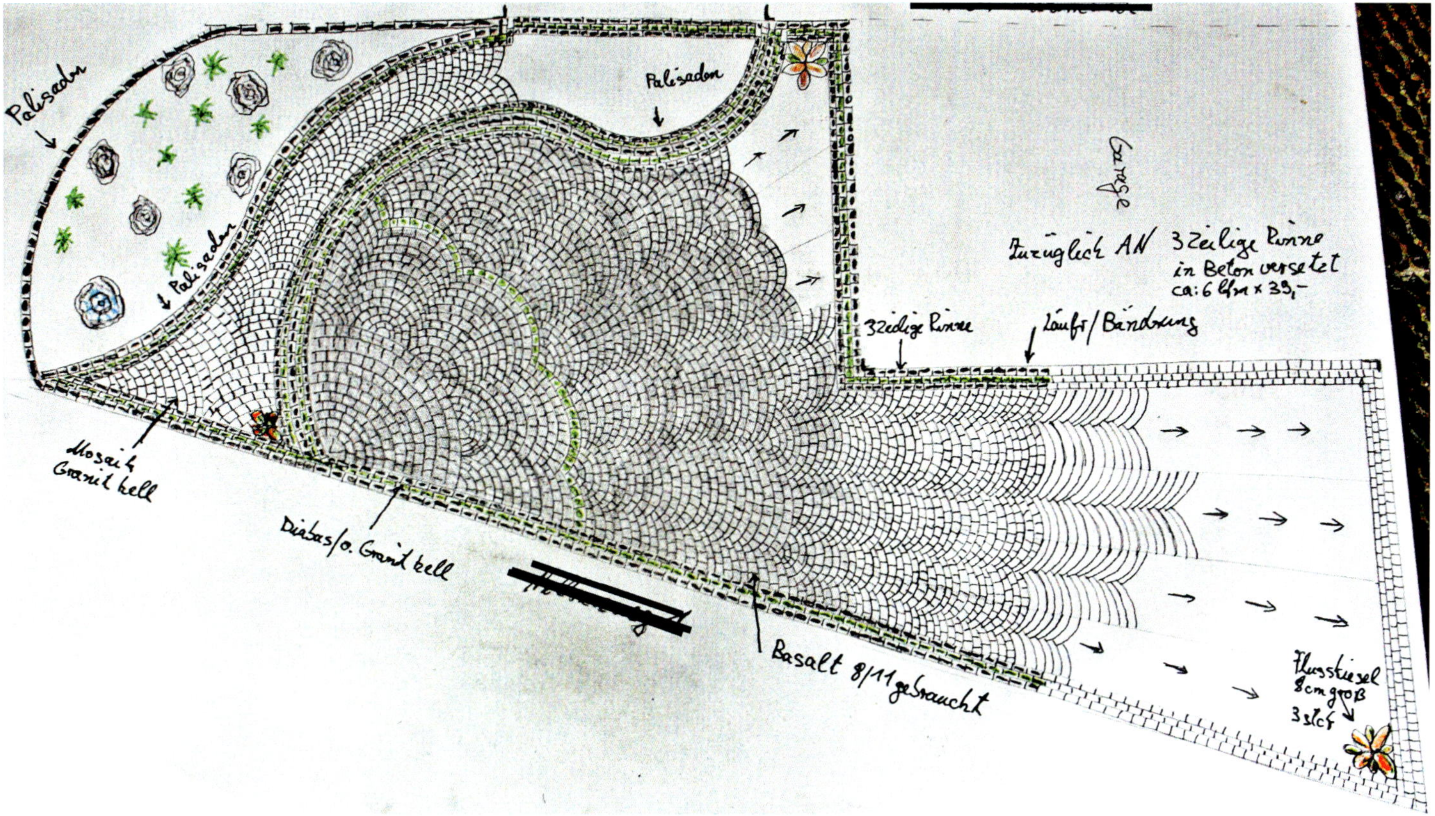

Und hier: Das Konzept, der Plan, die Idee und die Gestaltung, in diesem Fall ohne Maßstab, auf das Papier gebracht. Idee und Auftrag erteilt. Nächste Seite die Bauphase…

ZEITUNGEN

Das untere Bild zeigt den Ist-Stand des Projektes September 2018.

Alles das was die Gestaltungsskizze beinhaltet wurde auch so umgesetzt. Den Segmentbogen als Halbkreis angelegt, so dass ein Fließen der Bögen in die Richtungen stattfindet, die von der Gestaltungsstruktur vorgegeben wird. Quasi Nolls Philosophie eins zu eins umgesetzt…

Hinweis: Wenn man Weiß was der Segmentbogen alles kann, hat man ein Portfolio, das es in sich hat…

Der Nachteil/Schwächen des Segmentbogens

Leider gibt es bei den ganzen Erklärungen die den Segmentbogen Hervorheben und ihn als den besten oder sichersten Verband darstellen, einen Nachteil, der eigentlich heute nicht so richtig bedacht wird.

Wenn man sich in die Zeit von Noll versetzt, war das eine Zeit in dem die Pflasterei ihre Hochzeit hatte. Entsprechend dazu war natürlich auch das Material, also der Pflasterstein und sein Format.

Sprich, die Genauigkeit der einzelnen Spaltpflaster-Formate, die für eine Ordentliche saubere Segmentbogen Pflasterung verantwortlich war/ist. Denn die Segmentbogenpflasterung benötigt Kleinpflasterformate die Gleichmäßig in der Schlagung sind und dass die Zwischengrößen bei jeweiligen Spaltpflasterformat, mit enthalten und stimmig sind.

Beispiel: Eine 7/9 Schlagung sollte auch einen Teil 8/11 enthalten, damit der Bogen sauber von dünn auf dick läuft. Eine Sortierung diesbezüglich war, oder musste zur Nolls Zeit gewährleistet werden, um den Segmentbogen in Perfektion zu gewähren.

Zwar gibt es heute immer noch Pflasterformate gespalten, wie 7/9, 9/11, 8/10, 6/8… aber die sind oftmals zu genau auf das jeweilige Spalt-Format ausgerichtet. Es fehlen oftmals Zwischengrößen, die einen ordentlichen **Bogen, bzw. die richtige Bogenlänge ermöglichen oder es zumindest erschweren.**

Daher sollte man sich immer davon überzeugen, ob die jeweilige Schlagung ausreichend ist, um einen sauberen Segmentbogen zu erreichen. Wenn nicht, muss man bei einer Bestellung eine Zwischengröße dazu mischen lassen. Beispiel: 2/3 Hauptformat bis 1/3 Zwischengröße…

Beispiel:
Definition Spaltpflaster (Potsdam)

Nennmaße

Nennflächenmaße — **Nenndicke**

Gesamtlänge* — **Gesamtbreite****

- Mo und KP ± 10 mm
- Mo und KP in Reihe ± 5 mm
- GP → DIN EN 1342 Tab. 1

Wünschenswert ist eine sichtbare und optimale Unterschlagung der Steine
erlaubte Abweichungen
± 15 mm zw. zwei gespaltenen Flächen

± 10 mm zw. einer bearbeiteten und einer gespaltenen Fläche

± 5 mm zw. zwei bearbeiteten Flächen

- Mo bis 60 mm
- KP 60 mm – 120 mm
- GP 120 mm – 320 mm

erlaubte Abweichungen
- Mo und KP ± 10 mm
- GP ± 15 mm zw. 2 gespaltenen Flächen
  ± 10 mm zw. 1 bearb. u. 1 gesp. Fläche
  ± 5 mm zw. 2 bearb. Flächen
  In Potsdam ->
  - Maximale Abweichung in der Steinhöhe: +- 10 mm
- Mindestdicke für Pflastersteine DIN EN 1342 = 50 mm
- d. h. kein Stein darf in der Höhe < 40 mm sein

* ≙ der längeren Seite des kleinstmöglichen Rechtecks
** ≙ der kürzeren Seite des kleinstmöglichen Rechtecks

Differenz Oberseite / Unterseite (Flächeninhalt)
für Mosaikpflaster und Kleinsteinpflaster
Differenz ≤ 30%

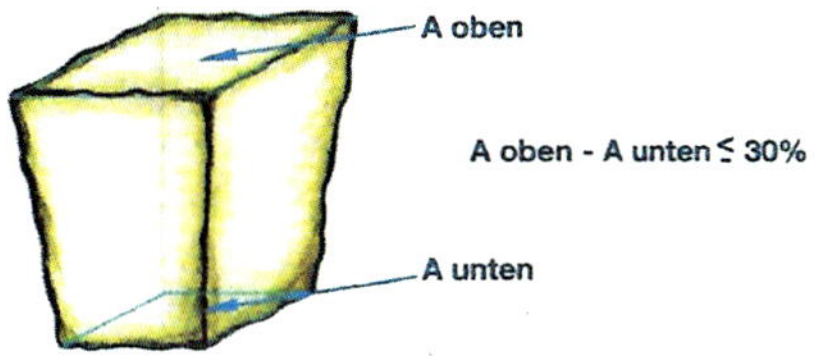

Die Bogenlänge:

Um die Bogenlänge, die sich mit 13-15mal der jeweiligen Steingröße, die verwendet wird berechnen lässt, ist aus meiner praktischen Erfahrung von 41Berufsjahren, nicht unbedingt so hoch zu bewerten. Da ich mich u.a an Nolls Feldbreiten orientiere, weiß ich das bei meinen Pflasterungen im Segmentbogen in der Regel immer die Bogenlänge vorhanden ist, die sich auch aus der jeweiligen Feldbreite ergeben. Die Bogenlänge, die gleichzeitig die statische Konstruktion wie bei einem Viadukt ist lässt sich per Faustformel wie folgt berechnen. Beispiel Steingröße 6/8.

13-15 mal Steingröße= 15*8=1,20m Bogenlänge oder 13*8= 1,04m sowie auch 14*8= 1,12m. Nebst den ermittelten wert der Bogenlänge ergibt sich daraus auch die Feldbreite, oder wenn man eine Feldbreite nach Noll von 1,10 für den 6/8 Stein gewählt hat, sollten dort ca. 6 Steine zur rechten Seite und 7 Steine zur linken Seite abgehen (Oder umgekehrt). So ergibt sich eine Gesamtzahl, wenn sich die Steine in der Bogenmitte treffen von 13 Steinen und einer Bogenlänge von 1,04m.

Dies bedeutet u.a. auch, dass die Bogenlänge ebenfalls die Feldbreite bestimmt (Noll). Es muss nur noch auf oder abgerundet werden. In dem Fall wäre eine Bogenlänge von 1,04m gleichzeitig eine Feldbreite von 1,0m oder 1,10m. Siehe Bogenlänge/ Feldbreiten Noll Seite 35 und Seite 41 von Steinkunst-Sikorski

Wenn man also Segmentbogen pflastert, wir bleiben bei dem 6/8 Stein, pflastere ich in Feldbreiten von 1,10m und zähle die Steine die den Bogen ergeben mit 13 oder auch 14 Steinen, **somit habe ich die optimale Bogenlänge, Bogenführung sowie Bogenstatik, habe gleichzeitig ein Kontrollinstrument ob ich richtig bin.**

13-15 Steine in der Bogenlänge ist der Ideal Fall für den Segmentbogen. Dadurch ist es immer ein kleiner *ausgeprägter Bogen,* der durch seine Brücken/Viadukt Form auch gleichzeitig die Idealform ergibt, angepasst auf die jeweilige Steingröße. Auch deshalb sind je nachdem, für die Pflasterqualität/Genauigkeit auch Zwischengrößen notwendig, um die Bogenlänge optimal hinzukriegen.

Hinweis: Das aufrunden oder abrunden: Hierbei sind u.a auch die Fugen zu berücksichtigen.

Tipp: Aus meiner Langzeiterfahrung, die ich mit dem Segmentbogen gemacht habe, ist es generell von Vorteil zu versuchen und wenn es von der Einteilung möglich ist die minimalste Bogenlänge, oder die kleinste Feldbreite je nach Pflasterformat, zu nutzen. Zwar ist das immer der knifflige Weg, aber die Stimmigkeit des Segmentbogens ist ausgeprägter und das sieht man auch.

Beispiel: Wenn ich nochmals die Faustformel der Bogenlänge zu Rate ziehe, sieht das bei mir, anhand von zwei weiteren Kleinsteinformaten eigentlich immer so aus.

Pflasterformat 7/9 : 13-15 x 9 = 1,17 m. Da ja abgerundet und aufgerundet werden kann, runde ich in diesem Falle fast immer ab, selbst wenn mathematisch eine Aufrundung angebracht wäre. Also die Feldbreite 1,10m. Somit erreiche ich immer eine Bogenausgeprägtheit, die gleichzeitig auch *meine Handschrift* ist.

Wie F.W. Noll in seinem Buch erwähnt, jeder Steinsetzer wird letztendlich seine Bevorzugung haben.

Pflasterformat 8/10: 13-15mal 10= 1,30m. Auch hier ist es wichtig das Maß von 1,30m, in dem Fall als Orientierung für Regelmäßige Feldbreiten zu nehmen. Obwohl 1,25m gegebenenfalls für die Bogenlänge/Konstruktion besser wäre und auch verwendet werden kann. Ich selbst nehme bei diesem Format meist 1,20-1,25 m.

Die Schwierigkeit, die ich erwähnte, oder das knifflige, liegt in der Steinqualität. Habe ich heutiges Format, bin ich meist gezwungen Zwischengrößen beizumischen. Habe ich „altes Material", so gut wie gar nicht.

Nolls freizügige Bevorzugung, die er Steinsetzern absolut zuspricht, ist eigentlich nicht mehr zeitgemäß, im wahrsten Sinne des Wortes. Heute herrscht mehr Anarchie als Verantwortung in den Segmentbogenbreiten/Bogenlängen. Wenn man sich, wie ich zitierte, im Bereich der Logik hält wird es Kniffelig *aber so wie es sein muss!*

Doch heute haben sich viele, nicht selten Möchtegern Steinsetzer breitgemacht, die aus Bequemlichkeit lange Bogenlängen nutzen, da heutiges Format, wie erwähnt zu genau, bzw. einseitig ist. Denn das macht einiges leichter, so ziehe ich einfach lange Bögen. Jedoch diese Segmentbögen sind schwach und anfällig, lassen sich meist nicht mit 90° aus dem Herz pflastern und haben eine Statische Qualität von etwa 70-85%, wenn sie überhaupt die 85% erreichen. Dazu nochmal zwei Darstellungen, diese und nächste Seite.

Hinweis: Umso kleiner die Bogenlänge, umso schöner, ausgeprägter und stabiler der Segmentbogen.

Beispiel: Konstruktion Viadukt (Quelle Internet): Hier kann man sehr gut erkennen wie ausgeprägt und mit Kurzen Bogenlängen, wahrscheinlich die minimalbreite, wie sie ein Bauwerk für die „Ewigkeit" tragen… Unten die Konstruktion Segmentbogen, die dem Viadukt sehr ähnelt…

Hinweis: Das Viadukt hat eine tragende Funktion.

Die Segmentbogenpflasterung hat die Funktion einer Ausgleichsschicht dessen Bogenform die tragenden Eigenschaften wie Schubkräfte und Scherkräfte, optimal absorbiert. Die Stabilität einer Segmentbogenpflasterung ist daher sehr hoch anzusiedeln.

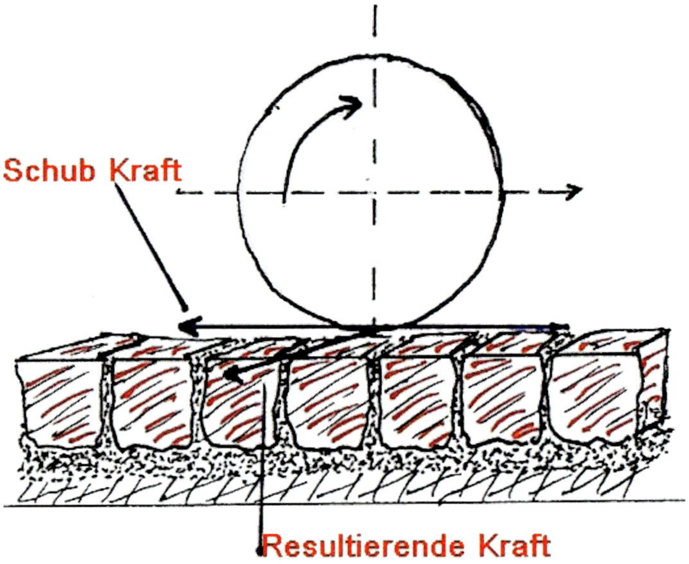

Das führt dazu, und dies ist nicht selten der Fall, dass bei einer neueren Schlagung 9/11 der Kleinanteil fehlt oder zu wenig ist. Dementsprechend muss man eine Zwischengröße dazu mischen, ergänzen. In dem Fall könnte es der 7/9 sein oder gegebenenfalls der 8/10 Spalt-Format.

Einfach erklärt, es kann bei heutigen Spaltpflaster Formaten, erst recht, wenn sie aus dem Ausland stammen, vorkommen das sowohl der Kleinanteil wie auch der Großanteil fehlt um den Segmentbogen richtig aus dem Herz/Mitte zu pflastern, wie auch das die richtige Größe am Bogenende/Scheitel fehlt. Der 9/11 Stein ist sehr oft davon betroffen…

Der Segmentbogen benötigt Ziemlich Formatgenaues Spaltpflaster mit Zwischengrößen, damit er seine Eigenschaften absolut gewährleisten kann. Sicher ist es auch, er lässt sich auch mit Minderqualitativen Spaltpflaster versetzen, doch dann muss man immer mit Schwächen rechnen wie z.b zu großen Fugen. Diese verursachen ein zu grobes/großes Fugenbild und tangieren die Statik.

In Zahlen/Prozenten könnte es sich so bemerkbar machen. Spitzenqualität des Pflasters 100% Gewährleistung, Minderqualität der Steine 70%-90%.

D.h, die Qualität, bzw. die Schlagung der Steine, entscheidet schon zwischen sehr gutem und sehr schlechtem Segmentbogen und *beeinflussen sogar die Bogenlänge.*

Die Priorität des Pflasters ist sehr hoch und entscheidend. Wird z.b altes gebrauchtes Material verwendet, ist eine Sortierung wichtig. Beschädigtes Material sollte entfernt werden. Denn auch beschädigtes Pflaster, gebrochene Kanten, Abplatzungen usw. schwächt den Segmentbogen.

Jedoch, auch wenn es Widersprüchlich klingt, um in der heutigen Zeit Segmentbogenpflasterungen mit hoher Qualität abzuliefern, ist gerade altes gebrauchtes Kleinsteinpflaster am besten geeignet. Schon erst recht, wenn es schonmal im Segmentbogen, z.b vielleicht vor 80 Jahren lag, dann kann man meist davon ausgehen das die Mischung aus einer Größe und den passenden Zwischengrößen, schon sehr stimmig ist.

Wie in diesem Beispiel: Das ist eine 8/11 Schlagung aus Basalt und etwa 90 Jahre jung. Wir Steinkunst-Sikorski hatten es für ein Projekt im Spessart benötigt und davon etwa 50t als Segmentpflasterung verwendet. Das Material war so gut aufgearbeitet und sortiert, das von den 50t etwa 1t Ausschuss war. Die Steine hatten Spitzenqualität das sich natürlich im Ergebnis wiederspiegelte…

Die schwächen des Segmentbogens machen sich insbesondere bemerkbar, wenn er „vergewaltigt“ wird. Eine Vorgehensweise, die sich so ausdrückt, das in der heutigen Zeit viele versuchen den Segmentbogen mit geschnittenem Pflaster, oder auch formatierten Pflaster, zu verlegen. **Eine Katastrophe a la Carte, da allein hier die Bogenlänge überdimensioniert werden muss, damit es überhaupt zu einer Bogenform kommt.** Allein dadurch kann die Statik des Segmentbogens nicht eingehalten werden. Abgesehen von dem Augenscheinlichen Bild das dadurch entsteht. **Die Ideal oder richtigen Bogenlängen sind dann auch meist, Tendenz generell nicht vorhanden. Hier tangiert es eher zu willkürlichen Bogenlängen.**

Das dies nicht geht, funktioniert, will nicht in den Köpfen der heutigen Fachwelt. Insbesondere Planer und Architekten wollen es nicht zur Kenntnis nehmen, dass es nicht funktioniert. Obwohl es eindeutig ist wie ein Segmentbogen konstruiert sein muss, welche Kriterien ihn zum Segmentbogen machen. *Trotzdem versucht man heute gegen dessen Logik und System zu arbeiten.*

Geschnittenes gleichmäßig formatiertes Natursteinpflaster als Stangenware…

Beispiel: Geschnittener Formatierter Pflasterstein 10x10x10cm. Damit einen Segmentbogen in seiner Richtigkeit zu bewerkstelligen, unmöglich.

Hinweis: Der Segmentbogen ist kein „Muster“, keine Schmuckpflasterung und auch nicht verspielt. Der Segmentbogen ist ein technisch ausgereifter Pflasterverband, der eine sehr hohe Fachlichkeit in Anspruch nimmt.

Seine Möglichkeiten und Stabilität sind auf Spaltpflaster/Kleinstein konzipiert und auch nur dort findet er richtig statt. Alles andere sind scheiternde kostspielige Versuche.

Hier drei Beispiele, die mittlerweile schon fast alltäglich sind. *„Die Vergewaltigung des Segmentbogens“*

Auch wenn ich selber heute die Bogenlänge nicht mehr so wichtig nehme, da es in 41 Jahren ins Blut übergegangen ist und ich mich in der Regel an die Feldbreiten halte die Noll aus der Bogenlänge empfiehlt, ergeben sich bei der richtigen Sortierung des Pflasterformates die Längen immer automatisch, plus minus 1 Stein, der tangiert das ganze jedoch nicht.

In der Anfangsphase, also wenn man sich richtig in den Segmentbogen reinarbeiten will. Dann macht es sicherlich Sinn, dass man ab und zu die Bogenlänge nachmisst/zählt. Denn wenn sie von der Norm abweicht, kann es schon ein Indiz sein das man zu flach aus dem Herz/Mitte pflastert und nicht die etwa 90° (87°) einhält. Oder dass der Großanteil der Mischung des Pflasters überwiegt. Oder dass man sich generell nicht an die Genauigkeit der Felder hält. Aber man kann es auch einfach nur für sich selbst als Kontrollinstrument nutzen, für die eigene Bestätigung oder für externe Fachleute, die an einer Richtigkeit zweifeln.

Jetzt in dem ich hier dieses Lehrbuch schrieb, habe ich nach Jahren wieder mal verschiedene Bogenlängen nachgemessen. Und siehe, alles gut…

Auf dem Bild kann man die Punkte nachzählen. Sie ergeben 14 Steine. Es ist ein 7/9 Spaltpflasterformat und die Feldbreite hier misst, damit die Breiten der Felder gleichmäßig bleiben, 1,20m.

Wenn wir jetzt die Faustformel 13-15mal Steingröße als Referenz nehmen, ergibt es bei 13Steinen eine Bogenlänge/Feldbreite von 1,17 aufgerundet 1,20m und bei 14Steinen eine Bogenlänge/Feldbreite von 1,24 abgerundet 1,20m.

Hinweis: Damit ich keine unterschiedlichen Feldbreiten bekomme, habe ich mit dem 7/9 Format die Felder in diesem Hof auf 1,20m breite eingerichtet. Wenn 1,10m Aufteilungsmäßig gleichmäßig gepasst hätte, dann wäre ich auf die 1,10m Feldbreite gegangen, die mir persönlich sogar lieber gewesen wäre.

Man hat also Variablen in Bogenlänge, bzw. Feldbreiten. Man muss sie nur je nach Situation richtig aus tangieren, aufrunden oder abrunden und dabei lieber das kleinere Maß anvisieren als das größere Maß. Umso schöner und stabiler wird der Segmentbogen.

Zusammengefasst

Wenn man nun bis hierhin angekommen ist. Hat die Lektionen durchgearbeitet, hat sie verstanden und verinnerlicht, hat man zumindest schon einmal die theoretischen Voraussetzungen den Segmentbogen einigermaßen in seiner Richtigkeit mit seinen Fähigkeiten zu bewerkstelligen.

Jene die den Segmentbogen schon pflastern und meinen sie könnten es, aber es fehlt an Feinheiten bzw. das Spektrum des Segmentbogens, der sollte die richtigen Antworten, die hier beschrieben wurden, gefunden haben, sollte sie dann entsprechend umsetzen, um somit die Professionalität zu zeigen, die der Segmentbogen halt in seiner ganzen Bandbreite und seiner Ausführung beinhaltet. Auf Fragen, einfach die richtigen Antworten kredenzen…

Schlagworte

Bogenlänge
Herz/Mitte
Läufer
Feldbreiten
Bogenscheitel/Ende
Stichhöhe
Westerwaldbogen
Schlagworte
Pflasterfelder/Schlauen
Schulbogen

Richtungswechsel
Aufweitung
Drehungen
Hufeisen
Einschnüren
Rosette
Bogen abnehmen
Viertelkreis
Kirchenfenster
Spitzbögen
Ohren
Bogen aufnehmen

Hochpunkt
Tiefpunkt

Halbwahrheit und Wahrheit: Zum Ende des Büchleins möchte ich noch paar Anmerkungen, Klischees notieren, die zwischen Halbwahrheit und Wahrheit liegen.

Uns Profis wird immer „vorgehalten“, wenn wir am Segmentbogen pflastern sind, „na, man sagt doch jeder Stein passt“. Ein Klischee das u.a anderem aus vergangenen Zeiten stammt und sowohl wahr ist wie auch wiederum nicht wahr ist.

Tatsächlich ist es so, bis jeder Stein passt, den ich blindlinks in die Hand nehme und setze, quasi deutet dieses blindlinke in die Hand nehmen, jeder Stein passt, an, dauert es bis zehn Jahre, bis dieser sog. Automatismus eintritt und sich der Spruch bestätigt, „jeder Stein passt“.

Es bedarf eine lange Zeit, bis man es beherrscht den Segmentbogen mit jedem Stein, den man einmal greift, diesen auch richtig zu platzieren. Es gehört viel Übung dazu, jede Menge Steine muss man angeschaut, angefasst haben und viele davon wieder zurückgelegt haben, sehr viele Quadratmeter müssen gepflastert werden, bis es dann letztendlich in einen Automatismus übergeht.

Erst dann kann man sagen, „es passt doch jeder Stein, oder?“

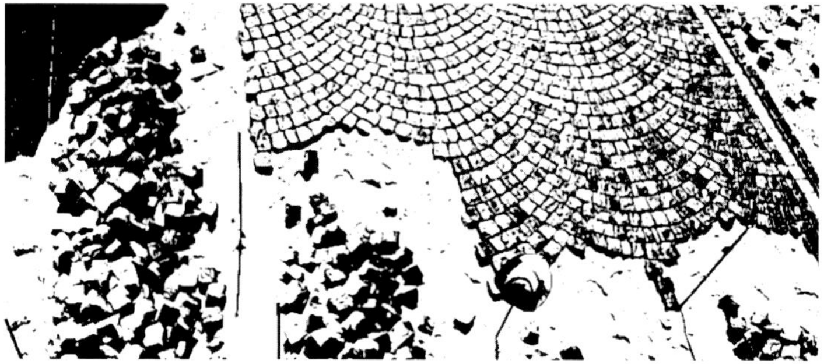

Aber trotzdem, auch wir Profis müssen hin und wieder mal nach hinten schauen und nach einem passenden Stein Ausschau halten. Das kommt auch nach vielen Berufsjahren immer wieder mal vor. Manchmal ist es die Tagesform und oft ist es das Pflastermaterial, das keine gute Sortierung hat…

„Wer rastet, der rostet. Ein zutreffendes Pseudonym für das Steinsetzer/Pflasterer Gewerk"

Quellverzeichnis:

Alle Skizzen von F.W. Noll sind im gleichnamigen Buch/Reprint von 1911 „Die Vervollkommnung des Kleinpflaster" zu finden. Verlag TUSA

Bilder und sonstige Skizzen von Robert Sikorski, Steinkunst-Sikorski und Frank Schnitzler, Steinkunst- Schwaben.

Schlusswort

„Die Vervollkommnung des Kleinpflasters“ Das was letztendlich der Segmentbogen ist, bzw. ist die Vervollkommnung nichts anderes wie die Mündung des Kleinsteines in den Segmentbogen. Eine Philosophie, die sich bewahrheitet in dem man sich die ganzen anderen Pflasterverbände vor Augen hält, die ebenfalls mit Kleinpflastersteinen gepflastert werden. Aller spätestens hier sollte man den Sinn, die Metapher verstehen.

Nun fehlt bei dem ganzen eigentlich nur eine Sache, die erklärt werden muss. Diese Erklärung habe ich absichtlich für das Schlusswort aufgehoben. Es ist eigentlich ein Apell an alle die das Naturpflastergewerk ausführen. Die Interpretation, die ich im Geiste von F.W. Noll schrieb, sollte jedem etwas bringen und die eigenen individualen Fähigkeiten ergänzen oder verstärken. Soll helfen Situationen zu meistern, die man vorher nicht meistern konnte. Frank Schnitzler mit über 25Jahren Erfahrung, ich mit meinen 41Jahren Erfahrung, haben dieses Buch, eigentlich ist es eine Widmung an Noll, geschrieben was richtiges Pflastern ist, bedeutet und welches Verständnis man dafür aufbringen muss. Der

Segmentbogen ist dabei der Verband, der die „Spreu vom Weizen trennt“ und auch die hohe Kunst des Pflasterns bedeutet. Kein anderer Verband hat diese Technische und gestalterische Vielfalt, wie der Segmentbogen.

Doch was fehlt denn jetzt noch, das unbedingt noch erwähnt werden muss?

Die Muße, Gefühl, Talent, Liebe zum Detail, sowie Aufopferung und ein bisschen Verrücktheit muss man haben, um den Segmentbogen richtig und in seiner vollen Pracht zu pflastern. Zwar ist dieses Handwerk ein „Steiniges Handwerk“ aber es braucht trotz alle dem, Feingefühl. Und wie ich am Anfang des Buches schon schrieb, den Segmentbogen zu erlernen ist nicht der schwierige Part. Den Segmentbogen in seinem Facettenreichtum richtig nutzen, ist der schwierige Part.